どうなる？どうする？日本の食卓

―田んぼとウシが日本を救う―

東京大学大学院 農学生命科学研究科 教授
酒井 仙吉 著

養 賢 堂

はじめに

　筆者が40歳になった20年前、東京大学で獣医学科の3年生を対象にして家畜品種学の講義をすることになった。人と家畜の係わりについて話すので内容は広い。気持ちにゆとりが生まれた頃、学生達が家畜の役割をどのように理解しているかに関心を持ち、食料について問うことがあった。すると予想に反して彼らは家畜の役割についてこれまで考えたこともなく、食料の入手においても不安を感じないようであった。筆者のように農村で育ち、貧しい食事を経験した世代からするとこの返答は驚きであった。

　考えてみれば現代の学生は大半が都会育ちで、貧しい食事や食べ物がないなどということを知らない世代である。両親や祖父母からそのような話を聞くことはあっても経験しなければ理解できないだろう。農学部には食料問題を扱う使命があり、それを考えるきっかけを与えない講義をするようでは教師失格と自覚した。ただ具体的に話す内容を決めるとなると予想以上に難しく、毎回、自問自答の連続であった。

　現在わが国の食料自給率は 40％、外国から輸入される食料で 7,000 万人余りの日本人が暮らす。これが日本の現状である。
　平成 20 年度食料・農業・農村白書によると、最大限の努力をして国内で賄える食事を
　　朝食：ご飯1杯、粉吹きイモ1皿、ぬか漬け1皿
　　昼食：焼きイモ2本、蒸しジャガイモ1個、リンゴ4分の1切れ
　　夕食：ご飯1杯、焼きイモ1本、焼き魚1切れ
とした。納豆は3日に2パック、うどんは2日に1杯、みそ汁は2日に1杯、肉は9日に1食、タマゴは7日に1回、牛乳は6日にコップ1杯である。
　これで摂取カロリーは十分だというが、栄養バランスが悪い。なぜなら動

物性タンパク質が少ないからで、不足すると健康を損ない、軽い病気で命をなくす。前述のメニューも実際は不可能で、世界で食料争奪戦が始まると真っ先に大量に飢死するのは日本人であろう。

　日本は戦後の経済繁栄により飽食となった。現在では小麦とトウモロコシ、大豆を合わせた輸入総量はコメの3倍、日本向け農産物に国内農地の2.7倍が使われ、スイスの科学者マティス・ワケナゲルは「世界が日本と同じ水準で生活すれば地球が2.4個いる」と言う。それでも財界人は「積極的な農産物の輸入」を薦め、消費者からは「保護してまで国内で作らなくてよい」という声を聞く。これでよいのだろうか？

　2008年、戦後初めて日本のエンゲル係数（家計の消費支出に占める飲食費の割合のこと）が上がった。その理由はオーストラリアの干ばつにあり、背景には地球温暖化がある。しかしIPCC（国連の気候変動に関する政府間パネル）は更なる気温上昇を予測、食料生産は2℃の上昇で打撃を受けると報告する。カエルは水から温めると熱さに気付かずゆだると言われ、このままでは地球がゆでカエルにならないとも限らない。地球温暖化で雨の降り方が変わり、農業適地が不適地になる。その場所は日本への食料供給地でもある。

　最大の食料供給国であるアメリカは世界の耕地の13％を有しているが、穀倉地帯はもともと雨が少ない。頼りであった地下水は先細り、アメリカで雨が降らないとたちまち日本は食料危機になる。また、日本はアメリカに次いで中国からも食料を輸入している。しかし中国の経済成長により、富裕層1億人が"爆食"と言われる凄まじさで食料を食べ始め、「農業用水が不足する」と中国でも自給を危ぶむ声が聞かれる。世界の海でも魚が少なくなり、魚の争奪戦が始まった。一方、世界では毎年8,000万人の人口が増え、全てに食料を供給することは不可能に近い。今でも10億人が飢えており、食料不足はやがて世界各地に広がるだろう。

　戦後60年余り世界的な戦乱がなかったことで、これまで日本でも飽食が可能であったが、忘れてならないのは自国民を犠牲にして食料を輸出する国

はないことである。全ての食料に言えることだが、やがて食料の輸入が難しくなれば国内で食料を生産しなければならない。にも関わらず、そのことに気付く人は少ない。また食料には代替品のないことにも気付かない。この50年で日本の食事は劇的に改善されたが、これからの50年で昔の食事内容に戻っても不自然さはない。今では食料という名で石油を食べるまでにもなった。いずれにしても農業を変えないと人類が生き残れない将来が待っている。

　食料政策においては「食料安保」という用語があるが、これは「国民を飢えさせない、国民の健康を守る」ことである。これまで日本では食料自給率がカロリーで語られ、なぜかタンパク質を対象にしなかった。ところが最大の弱点は動物性タンパク質にあり、これが解消できないと食料安保は成り立たないのである。そのタンパク質を補う唯一の方法が乳牛を取り入れることで、その根拠は草を食料（肉と乳）に変える仕組みにある。

　本書で述べることは、石油を控えて必要なタンパク質を生み出すために国内で何ができ、何をすべきかである。「日本は耕地が狭くて食料自給率を上げられない」というが、牛を使うと耕地は2倍にも3倍にもなる。現在では国内の30％が休耕田、高齢化で放棄水田も増えているが、稲作以外の農業を考えていない。一方、世界では山地が食料生産の場所である。なので「日本は耕地が狭い」というのは誤りで、水田および山と牛を組み合わせ、コメから稲わら、野草を牧草へ視点を変えると別の日本の農業が見える。農業で国土を維持し、先祖から受けた資産を次世代に渡す義務が私達にある。

　これが筆者が将来を考えて導いた結論である。本書を一読し、自身の老後や子と孫の代を想像すれば納得できるだろう。そして今から対策を立てる必要があることもわかるだろう。なお法律などでは漢字に「食糧」が使われるが本書では「食料」で統一した。

　この話題に多くの授業時間を割くことはできないが、ここで述べたエッセ

ンスを話すと少数ながら関心を示す学生が現れた。このことが大切で、関心を持てば考える。考え続けることで理性と感性が磨かれ、深く考えることで核心に迫れる。もし関心を示さなくても悲観はしない。頭の片隅に残り、後で考えるきっかけになるだろうから。後日、卒業式後の謝恩会で学生に表彰された。少なくとも最初の目的は達したと言えそうである。

目　　次

◆　第1部　海外に頼る日本の食事

- **食の変化と食料自給率の低下** ･･････････････････････ 1
  - 「和風から洋風へ」･･････････････････････････････ 1
  - 「生ゴミの激増」････････････････････････････････ 4
  - 「輸入穀物で作る肉」････････････････････････････ 6
  - 「食料自給率 40％？」･･･････････････････････････ 8

- **不安がいっぱい海外依存** ･････････････････････････ 13
  - 「輸入食料が支える食卓」･･･････････････････････ 13
  - 「BSE と牛肉輸入停止」････････････････････････ 14
  - 「中国産野菜の急増」･･･････････････････････････ 16

- **食卓から消えた魚、増えた魚** ････････････････････ 19
  - 「漁業の不振と魚資源の減少」･･･････････････････ 19
  - 「マグロの枯渇と養殖」･････････････････････････ 22

- **日本農業崩壊** ･･･････････････････････････････････ 25
  - 「高齢化と離農」･･･････････････････････････････ 25
  - 「減少する農地」･･･････････････････････････････ 26
  - 「高コスト体質の原因」･････････････････････････ 28

- **食料と生命維持** ･････････････････････････････････ 30
  - 「輸入ストップで畜産物消滅」･･･････････････････ 30
  - 「コメと畜産物が主食」･････････････････････････ 32

「不測時の食料安保」・・・・・・・・・・・・・・・・・・・・・ 35

- **穀物の宿命、強まる政治性**・・・・・・・・・・・・・・・・・・ 38
  「コメの収穫は年一回」・・・・・・・・・・・・・・・・・・・・・ 38
  「バイオエタノールの出現」・・・・・・・・・・・・・・・・・ 40
  「日本は食料弱者」・・・・・・・・・・・・・・・・・・・・・・・・ 42
  「国のコメ備蓄」・・・・・・・・・・・・・・・・・・・・・・・・・・ 43

◆ 第2部　地球の現状と未来の食料生産

- **飽食と飢えの拡大、不足する食料**・・・・・・・・・・・・ 49
  「経済発展で起こる食料不足」・・・・・・・・・・・・・・・ 49
  「貧困が生む人口増加」・・・・・・・・・・・・・・・・・・・・ 51
  「食料争奪戦の21世紀」・・・・・・・・・・・・・・・・・・・ 52

- **アメリカ農業が抱える問題**・・・・・・・・・・・・・・・・・ 55
  「企業に組み込まれた農業」・・・・・・・・・・・・・・・・・ 55
  「劣化が進む農地」・・・・・・・・・・・・・・・・・・・・・・・・ 57

- **地球で起こった農業基盤の悪化**・・・・・・・・・・・・・ 61
  「ローマクラブの警告」・・・・・・・・・・・・・・・・・・・・ 61
  「農業地帯の水不足」・・・・・・・・・・・・・・・・・・・・・・ 63
  「農業が作った砂漠」・・・・・・・・・・・・・・・・・・・・・・ 65

- **地球温暖化による環境の変化**・・・・・・・・・・・・・・・ 68
  「猛暑日と動植物」・・・・・・・・・・・・・・・・・・・・・・・・ 68
  「洪水・干ばつの頻発」・・・・・・・・・・・・・・・・・・・・ 70
  「温室効果ガスの増加」・・・・・・・・・・・・・・・・・・・・ 73

　　　　「食生活と二酸化炭素」・・・・・・・・・・・・・・・・・・・・・・・・・ 75

● **地球温暖化で変わる農業と漁業**・・・・・・・・・・・・・・・・・・ 78
　　　　「耕地がなくなる？」・・・・・・・・・・・・・・・・・・・・・・・・・・・ 78
　　　　「北海道が稲作適地？」・・・・・・・・・・・・・・・・・・・・・・・ 80
　　　　「海から魚が消える？」・・・・・・・・・・・・・・・・・・・・・・・ 83

◆ **第3部　日本で主食を生みだす方策**

● **コメで生活した日本**・・・・・・・・・・・・・・・・・・・・・・・・・・・・ 89
　　　　「なぜコメなのだろう」・・・・・・・・・・・・・・・・・・・・・・・ 89
　　　　「コメの管理と消費不振」・・・・・・・・・・・・・・・・・・・・・ 91
　　　　「それでもコメが頼り」・・・・・・・・・・・・・・・・・・・・・・・ 93

● **牛は神の贈り物**・・・・・・・・・・・・・・・・・・・・・・・・・・・・・・・ 96
　　　　「草で生きる牛」・・・・・・・・・・・・・・・・・・・・・・・・・・・・・ 96
　　　　「牛は肉食動物？」・・・・・・・・・・・・・・・・・・・・・・・・・・・ 97
　　　　「不思議な乳房」・・・・・・・・・・・・・・・・・・・・・・・・・・・・・ 99
　　　　「牛肉でダイエット」・・・・・・・・・・・・・・・・・・・・・・・・ 101

● **牛の驚くべき能力**・・・・・・・・・・・・・・・・・・・・・・・・・・・・ 104
　　　　「乳牛である必然性」・・・・・・・・・・・・・・・・・・・・・・・・ 104
　　　　「牛乳で栄養供給」・・・・・・・・・・・・・・・・・・・・・・・・・・ 106
　　　　「今の牛と制度は不適切」・・・・・・・・・・・・・・・・・・・・ 108

● **国の方針と農村の今**・・・・・・・・・・・・・・・・・・・・・・・・・・ 111
　　　　「食料・農業・農村基本法」・・・・・・・・・・・・・・・・・・ 111
　　　　「小規模稲作農家誕生」・・・・・・・・・・・・・・・・・・・・・・ 113

「農業再生に必要な視点」・・・・・・・・・・・・・・・・・・・・・ 115

- **耕地を作る、広げる**・・・・・・・・・・・・・・・・・・・・・・ 118
  「耕地を広げる牛」・・・・・・・・・・・・・・・・・・・・・・・・ 118
  「政府委託の稲作と備蓄米」・・・・・・・・・・・・・・・・ 120
  「耕地を作る牛」・・・・・・・・・・・・・・・・・・・・・・・・・・ 123
  「耕地を作った牛」・・・・・・・・・・・・・・・・・・・・・・・・ 127

- **日本農業に必要なこと**・・・・・・・・・・・・・・・・・・・・ 129
  「水田の集約と水田利用権」・・・・・・・・・・・・・・・・ 129
  「参入者受け入れと人材育成策」・・・・・・・・・・・・ 132

◆ おわりに・・・・・・・・・・・・・・・・・・・・・・・・・・・・・・・・・・ 136

◆ 補足

- 2010年世界農林業センサスを読む・・・・・・・・・・・・・ 138

◆ 参考図書・・・・・・・・・・・・・・・・・・・・・・・・・・・・・・・・・・ 144

第1部

海外に頼る日本の食事

食の変化と食料自給率の低下

「和風から洋風へ」

　敗戦の混乱が終わり、世の中に落ち着きが見られた頃の日本人の食事は一回で 2 杯のご飯（1 杯はコメ約 60g）をみそ汁、煮付けや漬け物で食べ、夕飯に魚一切れが加わる程度であった。魚は干物や塩漬け、つくだ煮、缶詰などが多く、漬け物とみそ汁は塩分が高かった。これは（旧）厚生省のデータに基づいているが、筆者が中学を卒業する（1963 年）までの食事は実際このような内容であった。

　食べ物は腐りやすく、半日も放置すると食中毒が心配になる。なので食材は必要な分だけを買い、食事ごとに調理し、残れば食べるときに火を通した。牛乳は一合瓶（180ml）に入れられて毎日宅配され、タマゴは一個単位で売られ、豆腐は食べるときに外へ買いに出た。近所の商店を利用し、量り売りで家族に合わせた食材の買い方であった。

　1960 年代に入ると池田内閣が国民所得倍増計画を発表するなど、目覚ましい高度経済成長が始まる時期でもあった。当時、懸命に働けば買えるものとしてテレビ・洗濯機・冷蔵庫（三種の神器）があり、それらを揃えることが豊かさを示すシンボルであった。これらが暮らしを劇的に変えたのだが、ここでは冷蔵庫がもたらした変化を見てみよう。

　1960 年代の冷蔵庫の容量は 100l 程度である。独立した冷凍庫はなく、やっと氷ができる程度の能力だったので、当時は食べ残しを入れる保存庫として使われ、依然、毎日の買い物と食事ごとの炊事が続いた。

　1970 年代後半になると冷蔵庫はほぼ全ての家庭に置かれた。以前より大型になり、冷凍食品を保存できる能力を持った。スーパーでの買い物が一般化し、タマゴが 10 個単位、牛乳が 1l パックになると常備できる食材となり、冷凍食品は種類が豊富、品質も良くなり広い売り場で売られた。高度成長が

始まってから 40 年間でエンゲル係数は 39％から 23％に低下し、暮らしが豊かになった。食費も 8 倍になり食事の中身が変わった。だが所得が増えても冷蔵庫がなければ食生活は変わらなかっただろうし、大型で高性能の機種が出現しなかったら個人商店の廃業、スーパーの出現もなかっただろう。冷蔵庫の出現はそれほど大きな足跡を歴史に残した。

　図 1 は摂取カロリーを食材別に示したものである。1980 年までにその内容は大きく変わったが、食生活でコメの消費減少と畜産物・油脂類の増加があったことを見てとれる。ここではさらに詳しく 1960 年と 2000 年について図 1 に明記されていない部分を比べよう。

　1960 年にはコメからカロリーの大半、タンパク質の半分以上を得た。おかずはご飯を食べるためにあり、栄養を得るためではなかった。おかずは主に魚介類が食べられ、肉は魚の 5 分の 1、牛肉は年 1 回、牛乳は 5 日にコップ 1 杯、タマゴは 3 日に 1 個程度である。この内容はイモを除くと「はじめに」で登場した白書のメニューに近い。厚労省（第六次改定日本人の栄養所要量）は、「望ましい摂取比率は成人の場合、炭水化物から 50〜70％、タンパク質から 20％未満、脂肪から 20〜30％」とし、この目安は当時も変わらない。当時の食事では十分な栄養を満たせず、炭水化物は適正水準を上回り、タンパク質と脂肪は水準を大きく下回った。白米の多食で脚気（かっけ）になり、塩分過剰で脳血管疾患が死因の 1 位、男女とも寿命は 70 歳を越えなかった。

　それから 40 年後、コメの消費は半減し、食費支出に占める購入費は 20％から 4％になった。特に若い世代でコメ離れが著しい。一方で畜産物の増え方は目覚ましく、肉類 4 倍、タマゴ 2 倍、牛乳・乳製品 4 倍など、魚介類の 1.2 倍と比べて違いが大きい。1970 年代半ばには動物性タンパク質が植物性タンパク質の摂取量を越え、サラダ油とマーガリンが一般化した。油脂類から得るカロリーの摂取比率は目安の上限に近づき、コメの消費低下で減ったカロリーを補った。たとえばフライドポテトは蒸しジャガイモより 5 倍のカロリーがある。油脂類はうま味とコクが出ることから多くの食品に入れられ、

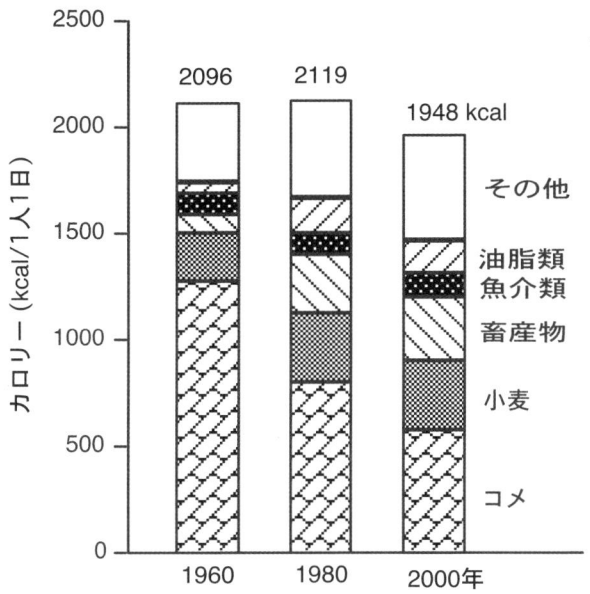

図1. 摂取カロリー（品目別）
（肉類は豚肉のカタ、魚介類はアジで計算）

摂取する脂肪の70%は気付かないで口に入れている。

　さらに大幅に改善した栄養素にタンパク質とカルシウムがある。コメが含むカルシウムは少なく、カルシウムの摂取量はかつて必要量の半分程度であった。栄養状態の改善を示す事例が身長でも見られ、男女とも10cm程度伸び、"胴長短足"が減少した。骨はカルシウムなどのミネラルとコラーゲン（タンパク質）で出来ていて、カルシウムが不足してもタンパク質が不足しても体の発達が悪くなる。また、栄養の過不足が解消されるに従い、男女とも10歳以上寿命が延びて世界一の長寿国になり、世界から驚きの目で見られた。

　ただ死因の1位は脳血管疾患から悪性新生物（ガン）に変わり、2位が心疾患になった。健康診断にBMI（太りすぎ指標）が加わるなど太り過ぎや

肥満が増え、糖尿病の増加も著しく、ファストフードを食べる若者による患者の増加が心配されている。昭和20年から実施されている国民健康・栄養調査（一部が図1）は、当時は栄養状態の悪さを知るためであったのが、今ではカロリーの過剰摂取、栄養のアンバランスに主眼が置かれている。

　豊かな国は食材を選ぶ必要がないので、粗食から美食になると国内産食材が減り、外国産が増えた。農水省の試算では、和風の朝食（ご飯、みそ汁、アジの干物、ひたし）だとカロリーの80%が国内産食材で摂れるのに対し、洋風の朝食（マーガリンとトースト、目玉焼き、サラダ、紅茶）だと20%になる。昼食がハンバーガーとコーラ、フライドポテトであれば限りなく0%に近い。だが急速な食生活の変化に農業変革が追いつけず、コメは生産過剰に悩み、畜産物の生産に必要な飼料を輸入でまかなった。結果、カロリーを国内産食材から摂取する割合が少なくなった。

　このように1970年頃から日本の食生活は大きく変わった。筆者は以前の貧しい食事を知るが、今は知らない世代が社会の中核者である。美食と飽食で育つと粗食と空腹に耐えられないというが、飽食世代に課せられた課題が食料問題である。

「生ゴミの激増」

　食生活が変わるにつれ、生ゴミ激増という珍しい現象が起きた。生ゴミの異常な増え方には食事への考え方と冷蔵庫の使い方に原因の一端があった。食べ物を感謝して食べることもなくなり、冷蔵庫が生ゴミ製造機に変わった。

　筆者は食べ物を粗末にすると「罰(ばち)があたる」、「お百姓さんに申し訳ない」と叱られた。今は「いただきます」、「ごちそうさま」の挨拶を日本人から聞かず、「もったいない」という言葉を外国人から聞く。

　飽食世代はお袋の味を思い出せるだろうか？2003年から調理食品が食費で最多支出項目になり、調理食品を盛りつける料理になると食べ物への愛着は薄れ、捨てることを悪いと思わない。外食では食べ残しを注意する人もお

らず、食べ残しの持ち帰りは厳禁、全てが生ゴミとなる。各家庭で食材を調理し、全員が顔を揃えて夕食をいただいた時代との違いは大きい。

　冷蔵庫の出現で、食品を買い物カゴに放り込み、帰宅後、とりあえず冷蔵庫に入れる習慣ができた。大型化したことでまとめ買いも可能になった。ところが食品を冷蔵庫の奥に入れたり、積み重ねると見えにくく、多いと探すのが面倒になる。食べ残しが加わるともうお手上げである。これが古い食品が見つかる原因になり、ある清掃局の調べでは生ゴミの40％近くが食べ残し、20％近くが未開封であったという。気付いたときは食べられない状態、おそらく期限切れであったのだろう、家庭からの生ゴミは年600万t、農水省は1人年間10万円分の食品を捨てていると報告している。冷蔵庫に鮮度を維持する力のないことを多くの人は知らない。

　たとえば庫内に入れたパンにカビが生え、変色から腐敗に気付くことがある。微生物（カビと細菌）は生存を続け、中にはゆっくりだが増殖する種類がある。保存中に腐敗が進んでも軽度であると味は変わらないので腐敗に気付かない。しかし毒素は温めたくらいでは壊れず、食中毒の発生は依然として多い。冷蔵庫の過信は禁物で、安心して食品を保存できる期間は短い。食中毒を心配するよりは古くなったら捨てるというのにも一理あるが、捨てる理由の大半は管理不行き届きのためである。

　また加工食品には賞味期限が表示されている。賞味期限とは「その食品を開封せず正しく保存した場合に味と品質が充分に保てると製造業者が認める期間（期限）」のことであり、賞味期限の表示は食品衛生法とJAS法（農林物資の規格化及び品質表示の適正化に関する法律）による義務である。消費者の90％は加工食品を買うときに賞味期限を注意すると言われるが、意味を理解している者は少ないようである。国民消費者センターが期限切れの食品をどうするか聞いたところ「捨てる」という回答が40％台、生協連の調査では賞味期限の「意味を知らなかった」という回答が40％台と、半数近い消費者は賞味期限を過ぎると食べられないと思っている。これに似た消

費期限との違いを知るものはさらに少ない。

　賞味期間は品質の落ちるのが穏やかな加工食品に付けられ、メーカーは消費期限の 60％〜70％の年月日を表示する。なお製造日から 3 ヶ月以上日持ちする場合は「年月」でよい。保存状態がよく、未開封であれば期限切れでも捨てなくてよい。ところが食品衛生法は製造年月日表示義務をなくし（1995 年）、賞味期限の 1.5 倍の日数という設定が食べられる期間の推定を難しくした。多くの場合、「年月日」であれば"製造日プラス数日から 1 ヶ月以内"、「年月」であれば"プラス 2 月以内"とすればよい。ただ五感と知性を働かす必要はあるが。これを理解すると生ゴミは減る。

　一方、消費期限は製造日から 5 日以内に消費すべき加工食品に表示されるもので、期限内に食べることが望ましい。昔も弁当や惣菜の販売は珍しくなかったが、客の前で調理して売れ残らないように注意した。消費者も食べるときに買うので食中毒の心配をしなかった。今は工場で大量製造し多くの店舗で販売する。メーカは消費者とのトラブルを避けるため消費期限を短くし、一方、販売店には欠品を許さず値引きをさせない。食品の売れ残りが出るのは当然で、コンビニ大手 10 社が捨てる食品は弁当に換算すると年 4 億 2,000 万食分だという。期限内であれば食中毒の危険はなく、捨てるなどはもったいないことである。農水省によると食品関連廃棄物は年 1,200 万tで、3,000 万人分の年間食料消費量にあたるという。

　これまで食品が適切に保存され、かつ、開封しない状態を仮定して話してきたが、開封すれば速やかに消費しなければならないことは言うまでもない。

「輸入穀物で作る肉」

　畜産物の消費が増えると、これを食料自給率低下の元凶とする人が現れた。純粋な国内生産分は（国内生産量×飼料自給率）で求められ、牛肉で 11％、豚肉と鶏肉で 5％、タマゴで 11％、牛乳・乳製品で 28％（牛乳は 43％）程度となる。平成 20 年度食料・農業・農村白書に「畜産物自給率 67％も輸入

飼料による生産分が 51 ポイント」とあり、80%以上が輸入分である。飼料自給率は食料自給率よりさらに低く、畜産物が自給率を低下させたことに間違いないようである。

　畜産物が増え始めたのは経済成長が始まった時期と一致し、円高で輸入が容易になり、畜産業界は規模拡大で供給を増やした。かつては誰も想像しなかったことだが、今ではコメより家畜が食べるトウモロコシの消費量の方が多い。2006 年には配合飼料が 2,500 万 t 製造され、乳牛 1、肉牛 1.7、豚 1.8、鶏 3 の割合で消費した。配合飼料の原料は 90%以上が外国産、たとえ畜産物を国内で生産しても生産基盤はもろい。

　ただ中身を見ると簡単に「畜産物の増加が食料自給率低下の元凶」と結論できない。

　飼料の原料となるものはトウモロコシや大豆カス、麦類、コメと米ヌカ、マイロ（ヒエやアワ）、フスマ、コーングルテンフィード、フェザーミール、魚粉などである。配合飼料はトウモロコシ 50%と大豆カス 20%を主体に作られ、60kgで約 3,000 円となり、安いのもうなずける。トウモロコシは多収量を特徴とする種類で搾油後のカスも多い。大豆では 70%～80%が搾油され、カスを家畜が食べることで食用油を作ることができる。大麦とライ麦、エン麦は主に飼料用として作られ、低品質米とマイロを食べる人はいない。フスマは小麦の製粉カスで小麦粉は人が食べる。コーングルテンフィードは食用コーンスターチのカスである。フェザーミールは羽毛が原料、魚粉は食用にできない魚が原料である。トウモロコシのデンプンでバイオエタノールを作るが、カスに残るタンパク質の飼料化が予定されている。

　栄養学上でも欠陥はなく、家畜が食べて問題ないものは人が食べても問題ない。ただ人が口にしないだけである。家畜はゴミと言われても仕方ない資源を肉や乳、タマゴに変える役割を果たす。家畜を減らすと膨大な資源がムダになり、豚がいないと食べ残しや売れ残り弁当を資源化できない。畜産物の消費が増えたことで食料自給率が下がった事実に間違いないが、家畜の役

割と人の健康への影響を考えると簡単に「食料自給率低下の元凶」と結論できない理由である。むしろ問題にすべきは飼料の海外依存である。

　2008年、飼料の高騰が畜産農家を直撃したがこれを避ける方法はなかった。このような事態は国産の餌で飼うと起こらないが、国内に大量にあるのは稲わらと野草くらいで、豚と鶏には全く利用できない種類の餌である。単純に畜産物で自給率を上げようとすると牛を増やし、豚と鶏を減らし、さらに生産効率の違いから肉の代わりに牛乳とタマゴを増やす以外にないことになる。配合飼料で生産する豚肉と鶏肉で真の国産化率（品目別自給率）を高めることは難しい。

　安価な配合飼料は安い原料を世界から調達することで製造される。トウモロコシと大豆の高騰で配合飼料が値上がりしたが、これら以外にも必須な原料があり、同じ危険性がある。また、今は乾草と稲わらまでも輸入するなど、入手先が多くなるほど生産地での安全性確認と輸送中の品質維持が難しくなる。今のところ詳細は不明であるにしても宮崎県で発生した口蹄疫（こうていえき）のウイルスが韓国と中国とほぼ同じタイプであるなど、輸入飼料にウイルスの感染源がある可能性を示している。

「食料自給率40％？」

　ところで「食料自給率」という言葉を耳にするわりに理解者は少なく、農水省の調べでは「よく知っている」との回答は7人に1人、「ほとんど知らない」と回答した人が4人に1人である。食料自給率とは食事を用意するために使われた供給分のうち国内の資源で生産した割合〔国産／（国産＋外国産）〕のことで、重量（品目別自給率）、カロリー（供給熱量自給率）、金額（総合食料自給率）をもとに農水省が調べて公表する。国産が増えるか、外国産が減ると自給率が上がるというように相対的な関係にある。2009年度、供給熱量自給率が41％になり、農水省は「改善した」と言った。本当は国産が増えた以上に輸入が減ったことによるもので、日本の食料生産が改

善したわけではない。

　供給熱量自給率は食料自給率とも言われる。おおまかに国内の資源で生産した総カロリーと供給した総カロリーから求めればよい。1960 年の食料自給率は 79％と大半を国内でまかなったが、その後低下が続き 1998 年には 40％となり、この 10 年間は純国内生産分として 1 人 1 日当たり 1,000kcal 程度であり 5,000 万人を養う状態で推移する。

　食料自給率が低下した理由を考えてみよう。

　摂取カロリーは厚労省が毎年 11 月、約 6,000 家庭 2 万人の 3 日間の食事を調べて公表しており（年度で方法と内容に違いがある）、その一部が図 1 である。食生活を正確に反映するものでないが、食料自給率（図 3）と比べると摂取カロリーは減少、供給カロリーは増加したことがわかる。その差は年々拡大し、今では摂取カロリーの 3 分の 1 に相当する 700kcal を捨てていることになる。年間で出る食品関連廃棄物 1,900 万 t 分の大半が供給カロリーに入っていて、食料自給率を下げる方向に働いた。

　図 2 は 1960 年以降の自給率の推移である。最初に総合食料自給率（金額ベース）を見ると、初期はほとんどが国内産であった。1960 年代は 1 ドル輸入すると 360 円支払う必要があった（固定相場制。1973 年に変動相場制へ移行）。物価上昇分を勘案すると 5,000 円以上に相当し、食料を輸入する経済的ゆとりがなかったのである。これを示すように 1980 年代半ば、急激に円高が進むと自給率の低下が始まった。国産農産物が価格競争力を失った結果でもある。

　次に食料自給率（カロリーベース）を見ると 1980 年まで一直線に低下していることがわかる。経済が発展し、畜産物と油脂類の消費が増えた時期である。餌や搾油用などの原材料は単価が安く総合食料自給率に影響しにくい一方、カロリーが高いことで影響しやすい特徴がある。

　次に食事の内容の変化から食料自給率を低下させた原因を見よう。図 3 は品目別のカロリー供給量である。

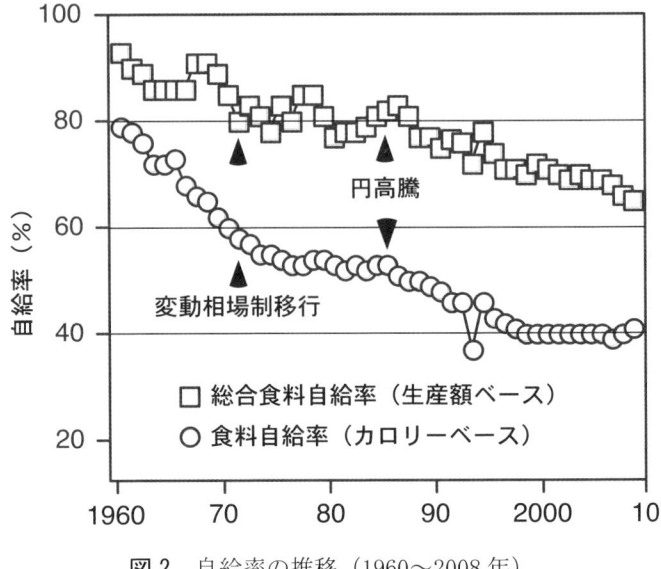

図2. 自給率の推移（1960〜2008年）

　図を見ると食料自給率を低下させた主因はコメの消費減であったことがわかる。自給率100％のコメの消費減の影響は大きかった。小麦の消費増も要因の一つであるが、コメの比でない。1960年前後の食事に戻ると自給率は改善することになるが、どれくらいの人が受け入れられるだろうか？

　ところで小麦とトウモロコシ、大豆を合わせるとコメの3倍余りの輸入量となるが、小麦以外は扱いが小さい。私たちが食用にしなかったのである。これらは畜産物と油脂類に姿を変えて隠れている。

　図3には明記されていないが、畜産物の自給率は67％から輸入畜産物が33％となる。1960年代に畜産物の輸入はなく、純増したことで食料自給率を低下させた。自給率67％も純粋に国産分と言えるのは16ポイントで、51ポイント分が輸入飼料を使って生産される畜産物である。このように畜産は84ポイント分（畜産物＋飼料）に輸入が関係する。また、油脂類（食用油

とマーガリンなど）の増加も著しかったが、ほぼ全量が輸入原料から作られる。畜産物も油脂類もトウモロコシと大豆がなければ供給不可能で、これも食料自給率を低下させた要因である。

　このように食料自給率の低下は食生活と経済の変化と連動し、一概に農水省が無策であったとも言えない。

　ここで分かるように畜産物と油脂類の供給に自給率の不安定要素が存在し、これまでその解消方法が示されてこなかった。本来なら日本農業の欠点を知り、生産構造を変えるために使うべき指標であるが、この目的で使った形跡がない。

　もっとも食料自給率に関する世論調査を受けて農水省は 45％、50％という目標値を設定するなど、予算獲得の脅しに使った例は無数にある。ただ日

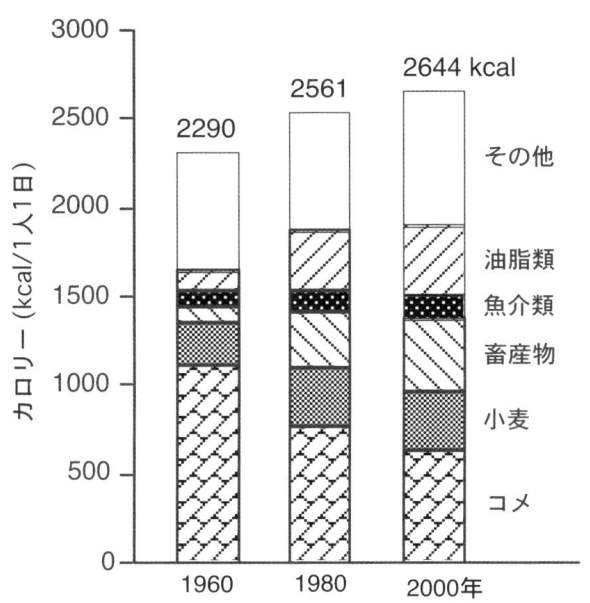

図 3．供給カロリー（品目別）

本の努力で目標値に近づいたことは一度もない。農水省は莫大なお金と人員を使って統計を取っていることで有名であるが、分析し、政策に反映させる能力に欠けるようである。

　ところでカロリーが十分でも、栄養バランスが悪いと健康維持できないことを疑うものはいないように、カロリーでは食の安全度を表すことができないのである。事実、食料自給率を重視する先進国は少ない。日本で食料自給率を高めようとすれば、畜産物と油脂、小麦を減らし、コメを増やせばよいことになるが、1960年頃の食事、あるいは冒頭の食事メニューから推測できるように、貧しい食事、変化に乏しい食事になることは避けられず、栄養バランスも悪くなる。「美食家は粗食を受け入れない」と言われ、飽食世代がコメ中心の食事を受け入れるだろうか疑問に感じる。

　現代農業は石油に依存して生産性を高めており、この事実を無視するところに最大の問題がある。イネを無化学肥料、無農薬で育てたらコメは半減する。石油資源は向こう50年で枯渇と言われており、石油の争奪戦が始まれば食料自給率40％という数字の不自然さが明らかになるだろう。

不安がいっぱい海外依存

「輸入食料が支える食卓」

　輸入食料は必要量を安く安定して輸入できたことで際限なく増加し、今では世界で流通する小麦の 5％、トウモロコシの 20％、大豆の 10％、水産物の 17％を輸入し、世界人口の 2％でそれらを消費している。このような例は先進国の中で日本以外になく、その異常さが想像できるだろう。1960 年と比べ数量で 12 倍、金額にして 20 倍以上である（今の為替レートで換算）。

　経済力が輸入を助長していることを財務省が発表する「貿易統計」から知ることができる。それによると 2006 年には小麦が国内産の 8 倍、トウモロコシが全量、大豆は 21 倍で、1 人当たり 230kg 輸入したことになる。コメの年間消費量 60kg と比べると量の違いがよく分かる。牛肉は国内産の 1.3 倍、豚肉は 0.9 倍、鶏肉は 0.4 倍で 1 人当たり 21kg、魚介類では新鮮・冷凍のものは国内産の 0.6 倍、塩干・クン製類は 1.2 倍、魚粉は 2.8 倍で 1 人当たり 45kg を輸入したことになる。これらが基礎となって食生活の豊かさが維持される。

　世界最大の農産物輸入国はアメリカであるが、アメリカでは国内にないものを輸入、余りを輸出するゆとりがあり、輸出が輸入を上回る。先進国の中で日本だけが一方的な食料輸入国で、それも基幹食料とされる穀類が多く、食料安保上不安があるとされる理由である。もっとも食料自給率 40％であっても安く継続して輸入できれば問題ない。これからも経済力を維持できればの話だが。ただしそれは独りよがりの願望に過ぎず、これまで自国で食料がひっ迫すると輸出規制でしのいできた国が多かった。10 年より先の世界の農業を予想すると日本における食料の供給は安心できないように感じられる。

　農林水産統計「主要農林水産物の輸出入実績」を見ると、アメリカから小麦 50％、トウモロコシ 90％、大豆とマイロ 80％、豚肉 40％、魚介類 10％

を輸入し総額1兆8,000億円（BSE発生前は輸入牛肉の半分）、次いで中国から1兆2,000億円分を輸入し、この2ヶ国で輸入の40％近くを占める。アメリカの異常気象や日米の正常な関係がくずれると食べ物を失い、トウモロコシと大豆が来ないと日本から畜産物がなくなる。最近は中国への依存度を高めてきたが、貿易を妨げる要因に中国側の事情がからむ。その上"人民元の切り上げ"は間近であり、安価で輸入するのは難しい状況にある。

　穀類に限っても1万tの貨物船であれば毎日8隻が積み荷を下ろし、往復と積み込みに要する日数は想像を超える。原油の高騰は輸送を難しくし、混乱が始まれば船は運航できず、日本から食料を無くすことは簡単だと言われる。事実、2008年を前後して海上運賃が5〜7倍になり、これが食品値上がりの原因の一つになった。単に輸入農産物の高騰だけが原因ではなかったのである。

　輸入価格は需要と供給のバランスで決まり、日本の大量輸入は価格を高くする方向に働く。例えば1993年の大凶作では世界のコメ価格を2倍にさせ、2008年は輸入義務米を減らしたのだが、もし規定通り輸入したら3倍の値上がりでは収まらなかったと言われる。経済力のある国は価格を問題にしないが、実際は日本の食料輸入は貧しい人の食べ物を奪うことで成り立っているのである。

「BSEと牛肉輸入停止」

　1991年の牛肉輸入自由化以降、牛肉消費の内訳は国産、オーストラリア産、アメリカ産がそれぞれ3分の1ずつであった。2001年9月、日本でBSE（牛海綿状脳症）が見つかると消費は60％減、2003年暮れにはアメリカでBSEが見つかり、アメリカ産は姿を消した。

　2004年、牛肉の輸入再開について日米交渉が始まった。日本への輸出は生産量の3％であっても輸出の半分であり、輸出に頼る食肉企業の存在もあって早期決着が求められた。最大の争点は全頭（BSE）検査であった。

ただ全頭検査は安全性を保証するものでなく、陽性の牛は30ヶ月を越えている（つまり30ヶ月未満は検査不要）など、日本の根拠は世界の常識と違っていた。結局、20ヶ月未満の牛を輸出することで全頭検査不要、また特定危険部位を除くことで交渉に合意、2005年12月に輸入を再開した。ところが翌年1月、特定危険部位が見つかり再び輸入禁止、2006年7月に解禁した。ただアメリカ産は輸入牛肉のうち20％弱と低迷が続く。

　家畜伝染病予防法では法定伝染病発生国からの輸入を禁止する。世界で牛の清浄国は少なく、最近ではイギリス、韓国、台湾、中国で口蹄疫（こうていえき）が発生し、同じ理由で南米から生きた牛も牛肉も輸入出来ない。オーストラリア産が輸入牛肉の80％強になり、この国で法定伝染病が発生すれば国内から輸入牛肉が消える状態になった。昨今発生している牛の伝染病は海外に牛肉の供給を頼るのは危険だということを教えている。

　鶏肉に関しても同様である。2003年末、アジア一帯で鳥インフルエンザが発生、直ちに家畜伝染病予防法に基づき発生国からの輸入を禁止した。ウイルスは感染力の強い種類であった。国内でも発生したが早期発見し完全淘汰で感染を防いだ。シベリアからの渡り鳥が原因のウイルスを運んだとされ、国内で鳥インフルエンザの発生が少なかったのは偶然であった。茨城県小川町では250万羽の鶏が飼われ、毎日200万個近いタマゴを産む。ここにウイルスが侵入すれば鶏が殺処分されて鶏肉はなくなり、タマゴも数日でなくなる。そのような事態が国全体に広まれば損害の大きさがわかるだろう。感染源を運ぶ渡り鳥は毎年飛来し、いつ再発するか予測できず、その後も世界で鳥インフルエンザの発生が続く。

　日本では鶏肉の30％（年35〜50万t）を輸入していても鳥インフルエンザについては騒がれなかった。なぜならそのうち90％を供給するブラジルで発生しなかったからである。ただ鶏卵は2004年2月（日本で1月に鳥インフルエンザが発生、4月に終息宣言）と比べ12月に1パック110円高となり、翌年初め、さらに高値となった。年末の鶏卵の値上がりは毎年見られ

るが、それを越える高値の原因は生産者がヒナの導入を見合わせたことにあった[注]。新鮮タマゴの輸入はなく、日本で鳥インフルエンザの封じ込めに失敗したら口にできないほど高値になったであろう。

　タマゴは90％が国内で生産されるので、ウイルスの侵入を防げば安心と思う人はいるだろう。ところが採卵鶏の90％以上をアメリカにいる原種（純粋種）をもとに生産しているので、その供給が途絶えると1～2年後には日本から採卵鶏が消え、タマゴもなくなる。

　アメリカが供給する鶏より優れた効率を示すものは今のところ存在せず、実質、アメリカの数社が全世界のタマゴとブロイラー（孵化後2ヵ月半以内の若鶏）の供給者である。原種の入手は不可能で、特徴を公表することもない。採卵鶏の経済寿命は2年弱、これを過ぎると淘汰される。一代限りの使用であるため永久にアメリカから入手しなければならない。ブロイラーも同様で経済寿命は2ヶ月弱とさらに短く、それだけ影響は早く現れる。

　今回はシベリアからの渡り鳥のルートに北米と南米が入っていなかったことが幸いしただけで、依然として鳥インフルエンザの危険性は変わらない。

「中国産野菜の急増」

　野菜は輸送中の鮮度保持が難しく、かつては国内でまかなった。だが天候に左右され、豊作と不作を繰り返した。

　この問題を解決すべく中国に野菜の種を持ち込み、試験的に栽培したところ何事もなく育った。中国産野菜急増のきっかけは1998年の野菜凶作にあったとされ、新鮮野菜の輸入が倍増した。2000年には300万tと国内需要の20％を占め、新鮮野菜の30％、冷凍野菜の70％と中国からの輸入が圧倒

（注：孵化後5～6ヶ月するとタマゴを産み始める。最初は小さく、2ヶ月過ぎた頃から普通サイズになる。日本で鳥インフルエンザが発生した時期にヒナの導入をためらうと10月頃から普通サイズの供給が滞る。普通サイズの方が需要が多く、単価も高い）

的に多い。

　スーパーでは中国産野菜を滅多に目にしない（モヤシの原料となる緑豆はほぼ 100％が中国産）が、中国産野菜の大半は外食産業と食品メーカーで使われ、格安な食料品を作るため欠かせない食材となっている。国産が安全などと言っても中国産食材なしで日本の食卓は成り立たないのである。

　日本の種子と日本企業の指導で作るから品質は国産と同じ、そのうえ安価というメリットを持つ。そして低温・冷凍コンテナが鮮度を落とさず輸送するのを容易にした。中国では日本向け野菜の生産は 2 倍以上の収入になると言われ、中国の農家にもメリットがあった。

　だが安定輸入に問題がある。就業人口の 70％が農民の中国で、「農民は本当に苦しく、農村は本当に貧しく、農業は本当に危うい（三農問題）」と言われ、農民が使う農地は国有地なので不安定さが残され、本気で農業に取り組めない。農村は発展から取り残され、農民の年収は都市部の30％未満、低賃金で作られた農産物が日本に来る。このような状態が長く続くとは思えない。

　中国東北部穀倉地帯では農地の劣化と砂漠化が進み、農業用水の不足も深刻である。一方、都市では畜産物の消費が増えて大豆を輸入する事態にまでなった。トウモロコシの輸入も近い。農産物価格は国内の優先度で政府が決め、"優質優価（よいものは高い）"と国産を奨励、農民の所得を上げるため出荷価格を高めに誘導する。これら全てが輸出を減らす方向に作用し、実際、2007 年を境に食料品の日本向け輸出が減少を始めた。

　農産物は病虫害に侵されると売り物にならない。そこで農薬を使うことになるが、自分の食べる物でないことから使用基準を守らない。このため輸入野菜から残留農薬、使用禁止の農薬が見つかる。日本の検査（検疫）は全体の 10％、それ以外は検査されないで上陸するので安全性に疑問符が付く。中国国内の農薬被害は深刻で、中国政府は数年前から大都市住民に「食べるまえに野菜を 15 分から 30 分くらい水に漬ける」ように言い、洗濯機は野菜を入れられるタイプが売れ、野菜洗い専用洗剤があることなどに驚く[注]。

"毒菜"は農薬がたっぷり残っている中国産野菜を指し、安さから低所得層が口にすると言われ、中国食品安全現状調査では「毎年、これらが原因と思われる患者約3億人、死者は40万人以上」と報告する（2007年）。また、安全性に対する意識が低く、大規模で不正行為が行われる。中国衛生省は「メラミン入り粉ミルクで腎臓結石などの健康被害を受けた乳幼児は29万4,000人」と発表した（2008年）。このため富裕層は高くても外国産、国内産でも安全なものを選ぶと言われ、日本産農産物の信頼性は高く、中国での輸入を増やす背景にもなっている。

　　（注：農薬が水溶性であると水洗いで除ける。多くは脂溶性で、残留農薬を洗剤で除くことになる。出荷間近に散布すると残留量が多い。糞便を肥料とした場合では、付着した寄生虫の卵などを除くのにも洗剤は有効である）

食卓から消えた魚、増えた魚

「漁業の不振と魚資源の減少」

　戦後、魚とクジラが日本人の動物性タンパク質を供給し、一部は輸出して外貨を稼いだが、今は様変わりである。

　1,000万tを越えた漁獲量も2000年を過ぎると600万tを割った。排他的経済水域200海里の設定でロシア、北米、欧州沿岸で捕っていた400万tを失い、そこで捕れた魚が輸入され、今は"買う漁業"である。生産国が表示され、国名を見ると世界の海から来ることがわかる。2006年、国内産は500万tで食用に430万t、外国産は520万tで食用に350万tと、食用で外国産が40％である。

　ただ魚の場合、頭部、内臓、骨、ひれなど廃棄される部分があり、アジなら廃棄率は55％と言われ、国内の漁獲量も相当割り引かなくてはならない。一方、輸入魚は内臓を除かれ、また、加工されて輸入されるものが多く、一般に廃棄率は低い。また、輸出50万t分は国産分に入っているが、消費者は口にできないものである。そのため食用でも国内産の魚介物の消費量は半分以下としなければならない。

　乱獲によって激減したものにニシンとシロナガスクジラがある。これは自然回復できる範囲で行う漁業であれば起こらなかったことである。自然に生きる魚資源を食用にするため、持続可能な漁業を維持する観点から厳しい規制が求められる。

　日本の漁師の合い言葉は「親の敵（かたき）と魚は見たときに捕れ」である。古くからオリンピック方式で行われ、早い者が独り占めする漁業である。そこには資源保護の考えはない。

　大衆魚で漁獲量の減少が顕著になると、1997年、マアジ、マイワシ、マサバ、ゴマサバ、スケトウダラ、サンマ、ズワイガニで漁獲枠が設けられ、

翌年スルメイカが加えられた。"いるじゃないか"というのは間違いで、海中に生息しているのは子孫を残すために必要な資源である。例えば年 20 万 t のマサバの適切な漁獲量は 10 万 t 以下と言われる。水産庁はマイワシで許容量を越える漁獲を許可、サンマは小物を捨て漁獲枠をクリアーすることもあった（違法）。

資源の減少は再生産能力を超えて捕ると起こり、2005 年、水産総合研究センターは主要な水産資源の半数が危険レベル、豊富なのは 20％とした。最近の漁獲量の減少は捕らないのではなく捕れないからである。少なくなった魚をさらに捕れば減少に拍車がかかり、最後に残された方法は禁漁ということになる。実際、ハタハタ、シャコ、イカナゴなどで禁漁が行われたが、これらは漁場が共通し、資源の枯渇が生活苦に繋がる、すなわち運命を共有する仲間であったからできたことである。もし、これらが不特定多数で競争する漁であったら不可能であっただろう。未だ漁業には魚資源が枯渇するまで捕り続ける傾向がある。

しかし、その一方で消費者の魚離れが著しい。"加齢効果"と言われ、高齢になると肉より魚の摂食が多くなる。肉から魚の逆転は、1995 年頃まで 30 歳前後であったが、最近は 50 歳を越える。理由は"めんどう、子供が食べない、高い"であり、煙と臭いがイヤと魚を焼かない。消費上位はイカ、サケ、マグロ、サンマ、ブリの順で、多くは切り身や刺身として売られる。手間のかかるサンマは高齢者が食べたのだろう。若い主婦は三枚におろせないなど、丸ごとの魚に触らない。

平成 15 年漁業センサスは「高齢化と経営不振に加え、資源管理のため減船が進んでいる」と報告した。この 20 年で漁業関係者は 14 万人減の 20 万人となり、65 歳以上の割合が 12％から 37％になった。2008 年、燃料の高騰で出漁しない漁船が多かった。燃料代が生産費の半分を越えて経営を圧迫、一方で高値のため消費者が素通りでは、漁業不振になるのも漁師を目指す若者が少ないのもわかるだろう。漁獲量の減少、漁業関係者の高齢化が日本漁

業の現状を雄弁に物語る。

　輸入でも危機が迫り、「海は無限、命がわく」というイメージは間違いであった。2009年、FAO（世界食糧機構）は「過剰漁獲が19％、枯渇が8％、限度すれすれが52％、適正が20％」と報告した。漁業が海洋生態系に及ぼす影響を地球規模で調べ、2005年度コスモス国際賞を受賞したダニエル・ポーリーは「日本は水産資源の危機的状況に気付いていない。乱獲に歯止めをかけないと世界の海で魚がなくなる」と述べ、水産物の6％を食べる日本へ警告した。チャールズ・クローバーは「飽食の海」でトロール船が雑魚として捨てる魚を半分以上とし、雑魚には数年後の親魚（成魚）がいる。漁船が去った海に魚がいない現状、二度と姿を見せない現状を伝える。

　漁業が行われなかった時代でも海が魚であふれるなどということはなかったが、少なくとも資源の豊かさは想像できるだろう。おおよそ100年前に新しい漁業が始まり、大量に捕まえる時代に入っても"海は豊穣（ほうじょう）"と言われた。海の中の世界は見えないため実情を知ることは難しいのだが、最近の事実が示すことは資源も無限でないということである。

　乱獲の背景に効率的な漁獲方法の出現がある。高性能な冷凍設備を備えた大型漁船が世界の海で操業する。強力なエンジンで動くトロール船は大きな網を引き回し、あらゆる種類を捕まえて魚のいない海にする。底引き網はローラーを回転させて海底に隠れた魚を捕まえ、魚の生活場所を壊す。マイワシの産卵場所はかつては鹿児島から千葉沖に広がっていたが、親魚をいなくなるほど捕り続けた結果、今は巻き網が禁止されている土佐湾付近で60％が孵化するのみとなってしまった。大型漁船と小型漁船、大きな網と小さな網、また、網と釣り竿の効率の違いは明らかで、資源への影響の違いにもなる。網で行う漁業は幼魚も捕まえ、種類を問わないことで資源に影響が出やすい。さらに今は魚群探知機を使って見つけるなどハイテクを使う漁法へ変わった。これらの漁法はいっとき漁獲量を増やしても、確実に資源を枯渇へ導く。

「マグロの枯渇と養殖」

　マグロは世界の海で捕れ、漁獲量は200万t、50年前の25万tから直線的に増えた。日本は世界の4分の1（約41万t）を消費し、その70％が輸入である。最初に資源の減少に気付いたのは日本の遠洋マグロはえ縄漁船と言われ、予定量に達するまでの日数が年ごとに多くなったのである。世界では違法操業、密漁、資源を管理する側と捕る側の調整ができず、本マグロとミナミマグロ（インドマグロ）の枯渇が心配されるまでになった。

　日本では江戸時代からマグロの赤身を食べてきた。数十年前までトロは"猫の食べ物"とされたが、1990年代、地中海で本マグロ、オーストラリアでミナミマグロの養殖が本格化すると急速に一般化し、日本が70～80％消費する本マグロとミナミマグロの資源保護が必要になった。大西洋まぐろ類保存国際委員会は持続可能な本マグロの魚獲量を1万5,000t以下とし、2010年の漁獲枠を前年の40％減の1万3,500tとした。ミナミマグロの漁獲量は2万t以下に半減、2005年、インド洋みなみまぐろ類委員会は漁獲量を総枠1万4,080t、2007年以降の総枠を1万1,530tとした。

　本マグロは地中海と大西洋から日本に送られる。EUは日本が本マグロを食べ尽くしたと批判し、商取引禁止を求める国際世論が生まれた。かつてクジラを激減させて捕鯨禁止に追い込まれた日本が今度はマグロで批判を受けることになった。養殖は日本向け輸出を目的に行われ、輸入を減らすと乱獲はなくなる性質があり、解決は日本の決断で出来ることである。日本は伝統的食材と主張するが、世界の世論にも耳を傾けるべきだろう。

　メバチマグロとキハダマグロは価格が手頃で、日本で食べるマグロの70％を占める。これまで漁獲量は順調に増加してきたが、増加の理由は乱獲によるもので、この半世紀で資源は3分の1になったと言われる。

　養殖とは捕る漁業を作る漁業にすることだが、幾つかの例を見ると安定供給にはならないようである。

　まぐろ類委員会が決める漁獲量とは捕まえたときの重さで、養殖される幼

魚は軽くて多くの匹数となり、EU で漁獲量と出荷量に大きな差が出る理由である。資源維持の立場からすると不適切で、匹数で規制しないと養殖は減らない。養殖用では匹数を数えることや重さを量ることは不可能なため不正が行われる。

　EU の養殖業者は幼魚を見つけるため産卵場所付近を飛行機で探し、群れを巻き網で一網打尽に捕まえ、その後、"イケス"で育てる。不自然なことをすることで、捕獲中と養殖中の事故死も多い。EU から輸入される本マグロの 90％が養殖（2 万 t 余り）だが、このことで出荷までに起こる事故死の多さを想像できるだろう。捕まえてすぐ出荷する天然マグロでは事故死は起こらない。

　本マグロの養殖では、幼魚つまり 1kg 以下であると 2〜3 年、10kg は 2 年、150〜200kg であると数ヶ月かけて 250〜300kg にする。出荷時体重からすれば成魚であるが、養殖魚は性腺が発達せず子孫を残せない。だから養殖は天然幼魚が頼りで、巻き網に入った段階で消えるのである。日本が輸入する養殖本マグロの 90％が大西洋と地中海からであるが、この海域では親魚は養殖が本格化する前に比べ 3 分の 1 以下に激減したという。これは巻き網で一網打尽に捕まえる乱獲が招いた資源の減少という典型例である。幼魚を捕まえることで親魚が減り、次に親魚が減ったことで幼魚も減り、急速な減少となった。

　マグロの養殖は他の魚種にも影響した。全身トロ状態（肥満）にするため、出荷間近、毎日 3kg のイワシやサバ、アジ、イカなどを与える。トロール漁や巻き網漁で捕る魚の半分は小ぶりで、安値で養殖業者に売られる。小ぶりな魚が本当は食べられる魚でも食卓に届かない。マグロを 1kg 食べなければ小魚を 10kg 食べられることになるが、マグロの養殖が小魚を口に入れる機会を奪う。養殖マグロの人気の秘密はトロの多さにあり、肥満にするため小魚をより多く与える。

　1999 年、葛西臨海水族園でマグロの産卵と受精が観察され、飼育下で繁

殖することを示す画期的な出来事があった。2002 年、近畿大学附属水産研究所は世界初の完全養殖に成功[注]、2004 年から"近大マグロ"として出荷する。しかし生産コストが高く、稚魚の生存率が低く、餌に制約され、養殖場所も限られ、まだ商業ベースに乗っていないと言われる。

養殖ウナギも食用である。1 人当たりが食べるウナギ年 5 匹のうち 4 匹は外国育ち、量にして 10 万 t は世界の食用ウナギの 70％にあたる。輸入は 1980 年代に始まり、そして不可能になる日も近い。ここでも雑魚が餌となる。

養殖に使われるシラスウナギ（幼魚）は 100％天然である。台湾と中国で養殖されるウナギは大西洋産も多く、EU は資源の減少で漁獲を制限した（ワシントン条約の付属書ⅡがⅠになると EU の輸出禁止で外国産ウナギはなくなる）。この 40 年で日本のシラスウナギの漁獲量は年 100〜200t が 10〜20t に、天然ウナギも 3,000t が 300t になった。養殖用に幼魚が捕まえられ、もし逃れてもダムの設置や河川改修、用水路のコンクリート化、護岸工事で生活場所を失われた。その結果産卵場所に戻る匹数が減り、それが毎年繰り返されたことでウナギが枯渇するのも当然である。

マダイとブリは完全養殖で天然物の数倍から十数倍生産され、1kg の生産にフィッシュミール（魚粉が原料）4〜6kg が使われる。餌代が生産費の 60％である。世界的に養殖が盛んになって魚粉の需要が増し、安価で得ることが難しくなった。養殖では常に大量の雑魚が犠牲になり、餌を与えないホタテやカキの養殖と根本から違う。

（注：完全養殖とは稚魚を親魚に育て、産卵・受精・孵化させて稚魚にする一連の過程を人為飼育環境下ですること。一般に親魚になるまで 5 年程度かかるが、天然の幼魚を必要としないで養殖できる。なおウナギでは実用化されていない）

日本農業崩壊

「高齢化と離農」

　この半世紀で日本の食料自給率は半減した。主食であり、国内で自給できるコメが生産過剰になり、減反政策が必要になった。大半の農村は稲作で成り立っていたのだが、30％が休耕田となった。農業は魅力をなくし、農村が活力を失うと人口は減少し、放棄農地が出現した。食料自給率の低下の一つに畜産物の増加がある。本来なら家畜用飼料の生産を増やすことで解決しなければならなかったのだが、全く行われなかったことに悲劇の根本があった。

　高度経済成長が始まると若者は農村を離れた。残っても"週末農業"、または多くが爺ちゃん・婆ちゃん・母ちゃん主体の"三ちゃん農業"になった。結婚相手を見つけられなかった人も多い。40年後の今、農村で子供の姿が見られず、大半が老人である。"限界集落"とは過疎化で半数が65歳を越え、冠婚葬祭など社会的共同生活の維持が難しくなった集落をいい、全国で2万余り、2006年の国交省の調査で近いうち消滅の恐れがある集落は2,641ヶ所あるという。

　農業所得は給与者世帯の半分以下、ここ40年で専業農家の80％が農業中心の生活をやめ、第1種兼業農家数も15％になった。農林業センサスによれば「農業のみ従事」は40歳以下で16％、40〜49歳で21％など若いほど少ない。農村で暮らしても大半は給与生活者となり、農業で生計を立てる者は少ない。先進国で農業従事者は労働人口の2〜3％で十分とされる。これよりは多いが、60歳以上が70％など著しく高齢者が多い（1960年代は20％台）。日本における60歳以上は29％で約40ポイント高く、農村に夢を与えなかった農政の結果である。中核者である60歳以上の70％が近いうち現場を離れるなど高齢化は離農と連動し、食料生産を急速に悪化させる。ちなみに先進国では60歳以上の就農者は10％以下と高齢化は見られない。

学校を卒業して就農する者（新規学卒就農者）は 1960 年頃 7 万人であったのが、1990 年代からは 2,000 人台が続く。都市から農村へ移る I ターン、都市から出身地に戻る U ターン、出身地以外の農村に移る J ターンがあり、定年後、跡を継ぐ者もいる。39 歳以下で新しく農業を始める者は毎年 1 万人を越えるが、農水省はまだ人手不足だという。ただ朗報は農業後継者以外で就農する人数が 2002 年に 500 人を越え、それも増加傾向にあるということである。

　2005 年の農業構造動態調査によると離農の理由は上位から「主たる農業従事者が高齢」、「病気や介護などで農業の継続が不可能」、「農業以外の仕事に専念」、「農業で十分な収入が得られない」であり、80％に高齢が関係し、農地を「貸した」のが 60％、残りは「放置」である。稲作農家 117 万戸のうち後継者がいる農家は 60％、この場合でも「農業が主」は 20 戸に 1 戸、合計すると 90％が離農予備軍である。さらに中核者が 65 歳を越える農家が 60％である。増産を求めても対応できず、食料生産に危機をもたらすだろう。コメもいずれ輸入することになるだろうが、国内の生産基盤をなくした段階で輸入出来ないということになれば悪夢である。

「減少する農地」

　農地は 1961 年の 609 万 ha がピークで食料自給率は 79％であった。その後に起こった食料自給率の低下と共に耕地も減少し、2006 年に 463 万 ha となり、25％がなくなった（水田 25％、畑 21％減）。農地の減少には都市化という社会情勢も関係するが、もし農業が大切であったら、だれも生活基盤である耕地を積極的に減らすなどということは考えない。江戸時代、1 人を養うのに必要な水田は 10a とされたが、今は田畑を合わせて 3.6a となり、食料自給率 40％と割合がほぼ等しい。耕地面積を広げないと食料自給率は上がらず、食料安保も危ういことを示している。

　優良農地は 417 万 ha と全体の 90％で、主要な食料生産地である。広い面

積があり、区画整理され、周辺道路も整備され、同時に住宅用や工業・商業用にも適する。都市近郊の地価が高騰すると次に農地の売買価格に影響し、農業用目的であっても購入できなくなるなど急速に資産化した。

　このためであろう、農地があっても耕作しない農家が増え、1985 年、農水省は"土地持ち非農家（5a 以上所有し、再び耕作の予定のない世帯）"という区分を設けた。田畑 16 万 ha 余りが使われず、4 軒に 1 軒が土地持ち非農家である。

　農林省は 1964 年、工場用地、鉄道と道路用途、宅地などに転用された農地の調査を始め、2006 年までの累計面積は 100 万 ha を越えることを明らかにした。それによると鉄道と道路建設で失われた土地は少なく、都市とその郊外を見るとわかるように、工業と商業用地、宅地がかつての農地であり、それも大半は生産性の高い場所であった。おおよそ 40 年前まで東京とその周辺が一大農産物生産地であったことを知るものは今は少ない。

　農地は食料を生産するために必須で、政府も農地確保に努め、農業振興地域整備法に基づいて市区町村の農業委員会が農用地区域と決めると税制面で優遇する一方で他目的での利用を制限するようにした。所有者からの申し出が"やむをえない"と判定された場合は転用が認められ、各地で頻発した。違法な例も多く、いずれも農地へ戻らない。生産緑地法改正のときも首都圏の農家の大半が宅地並み課税を選択した。開発が期待される地域では耕作を止めても値上がりを待って所有を続け、農地を農地と考えるものは少数である。

　また、従事者の死亡で農業を継続できず、農地として使わなくなったとき、都市の生産緑地では自治体に申し出て時価で買い取ってもらうのが原則である。しかし面積が狭い、高額などの理由で適用例は少なく、実績ゼロが多い。買い取られなければ宅地なみに課税され、転用も可能になり、法律が農地喪失を後押しするのが現実である。

　今は高齢で農業の継続が困難になると農家の 40％が農地を放置する。

段々畑や棚田など条件の悪い農地の放棄は想像できるが、利用しやすい耕地も多く、農水省は耕作放棄地 28 万 ha の内、15 万 ha は再生可能という（2008 年）。また、相続者が都会で暮らし、耕作者不在の農地が東京都の面積に等しい 20 万 ha、実際はその倍以上とも言われる。これからは急速な高齢化で農家と農村の消滅も現実になり、広大な耕作放棄地が出現する。それも条件のよい農地である。耕作放棄地の出現といっても同じに見えて中身が異なる。

「高コスト体質の原因」

　農業白書によれば東京で買う食料品の価格は世界の大都市より平均 30％高である（為替レートが関係するのであまり正確でないが）。消費者は高いと不平を言うが、スーパーでその違いがわかる。外国では少しのキズなら問題にせず、大きさはまちまち、山と積まれ、バラ売り、レジに置かれた秤（はかり）に乗せると料金が示される。肉はかたまりで、鶏は冷蔵し一羽単位である。私たちは捨てられる分の代金、ラップやトレー、レジ袋などの包装代、きれいに揃える手間賃を買っている。

　店頭に並ぶ前にも日本特有の高コスト体質があり、幾つかでそれを見ることができる。

　例えばタマゴはSS、S、MS、M、L、LLに分けられる[注]。店頭ではMS、M、Lくらいだが、同じサイズであれば 1 パックで 10gの違いもない。高価な選別機が使われているからだが、大がかりで設置面積は広く、ランニングコストもかかる。家庭で多少の不揃いは問題にならないはずで、重量単位の価格でも不都合はない。そうなれば高価な装置はいらず、安くなる。袋で 3

（注：孵化後 5～6 ヶ月するとタマゴを産み始め、最初は小さく（SS）、次第に大きくなり（M）、産卵を止める頃で最大になる（LL）。大きさは産卵時期と関係し、餌で調節できない。廃鶏の処分と幼鶏の導入は鶏舎単位で行われ、鶏舎数が回数となる。養鶏場単位で見れば異なったサイズが常にある。SS、LLなどは極端に安い）

本入りのキュウリは、重さ、サイズ、色も違わない。選別が生産者の悩みである。曲がると規格外となり、30％～40％が出荷できない。重量を基準にすれば選別作業はいらず、外見に目をつぶると捨てることもない。果物は甘さを機械で調べて出荷する。糖度1、2の違いは小さいが"甘い"と表示できない。一部は高く売れてもそれ以外は安く売ることになる。また、冬のトマトを不自然に感じる人や南国の果物が厳寒の地で生産されても驚く人はいない。

　ここまでは消費者との関連で高コスト体質を見てきたが、最大の問題は別にあり、生産者はあらゆる生産資材をメーカーの言い値で買わなければならないにも係わらず、出荷価格決定で何もできないことである。工業製品でコスト割れの価格を設定する企業は存在しない。ところが農産物では原価は無視され、高い手数料を上乗せして販売される。零細農家が多いことで交渉力がないからだが、生産者は取り分が少ないと嘆く。

　農協は農家を組合員とし、共同購入、共同出荷、低利融資、営農指導など組合員の利益を高める目的で設立された。

　農業で多種類の農用資材が使われ、農協は営農指導で特定の資材を勧め、ときには強制する。独占的な商行為が行われ、同等品をアメリカで購入するより1.2～1.6倍高い。また、農機具センターはメーカーに代わって販売と修理を引き受ける。同じ性能のトラクターを韓国で買うと30％安、しかし部品がなければ修理できないので購入できない。生産資材の扱い額は2兆4,000億円（2006年）、国内メーカーと関係することで高価格を維持し、手数料を下げる方向にない。10人の組合員が1人の農協職員を支える状態となり、肥大化した組織を維持するため趣旨に反することをやり、農水省は農協が農政の末端で実行部隊として機能することから組織の存続を助ける。

食料と生命維持

「輸入ストップで畜産物消滅」

　日本は輸入食料を増やすことで食生活を大きく変えてきたのだが、その内容を知ると安心できる状態ではないことがわかる。1998 年、新しい農業基本法を検討していた食料・農業・農村基本問題調査会は「農地が今のペースで減少し、食料の輸入が停止すると供給熱量が半分の 1,440kcal に低下し、敗戦時を下回る」とした。ここでは冒頭の食事メニューを例に、食料輸入が停止すると「肉とタマゴは 7〜9 日に 1 回、牛乳は 6 日にコップ 1 杯」は可能か見てみよう。

　餌となる配合飼料は最新の栄養学の知見に基づいて製造されているので栄養バランスに優れ、これを使うことで高い生産性が保証される。原料は 90％が輸入品である。輸入が停止すると原料は国内産に限られ、栄養バランスに優れた配合飼料を作れない。年間 2,500 万 t が使われているが、量的に不足することは明らかである。

　豚は数千頭、鶏は数万から 10 数万羽を単位とし、配合飼料で飼われる。供給が滞ると簡単に廃業に追い込まれる経営構造になっていて、たちどころに肉とタマゴはゼロとなる。残るのは残飯で飼われる豚、庭先で飼われる鶏となるが、無視される量しか生産しない。牛肉生産は効率が悪く問題外で、「肉とタマゴは 7〜9 日に 1 回」は絵に描いた餅である。

　牛は稲わらや牧草で飼うことができ、そこそこの牛乳を供給できる。ところがそれが簡単ではなく、今の乳牛は 9,000kg を生産するが、配合飼料を使わないと生産量は 1 頭で年間 5,000kg 程度である。配合飼料を与えないと半減しそうだが、しかし同じレベルで生産し、しばらくすると乳が出なくなる。稲わらや草だけでは牛乳を生産できない体に変えられ「牛乳は 6 日にコップ 1 杯」も絵に描いた餅となる。市場に出回る肉とタマゴ、牛乳はあるだろう

が、買えない値段になることは避けられない。

　さらに飼料不足が続くとほとんどの家畜が淘汰され、一時的に肉は豊富に出回るが、その後は肉のない食卓が数年続く。親を淘汰すると回復に時間がかかり、生産者が廃業するとさらに遅れる。このように輸入が停止すると畜産物は短期間でなくなり、農水省が言う食事は不可能であることがわかる。大げさに言ったのでなく、実際2008年には配合飼料が50％値上げされ、畜産農家の多くは赤字経営、10％が廃業した。アメリカが1年間不作になると量の確保が難しくなり、輸入価格は高騰、畜産物も高騰、ここで述べた"絵に描いた餅"が現実となる。輸入のストップは最も深刻な事態をもたらす。海外への依存度を下げないと食料安保にならない。

　ただしコメは不作の影響を受けにくい。1日茶碗一杯余計に食べると摂取カロリーの40％となる。年300万tの増産が必要になるが、必要な水田は60万ha、休耕田の60％を元に戻せばよい。このように国内の資源で生産できると不安の度合いは低い。ところで冒頭のメニューではサツマイモが主食である。荒れ地で少しの肥料で育ち、連作障害が起きにくい不思議な作物で、単収はコメの5倍あり、"救荒作物"として江戸時代の飢饉、戦中戦後の食料難を救った。ただイモ中心の食事は続かず、戦中派は"見るのも嫌(いや)"と言う人が多く、過去を振り返るとサツマイモが重要視されるときは食料事情が悪い時代である。

　食料輸入がストップするときは石油も来ない。肥料、農薬、資材はなくなり、トラクターは動かない。漁船も出漁できず、「焼き魚1切れ」のおかずもなくなる。2008年、漁船が出漁できなかった理由は石油高騰である。食料難が起こるのは"近い内"という性急さはないが、教訓を得るとすれば日本の食料生産のひどさである。

　農水省は2002年、食料自給率について国民に聞いたところ「非常に不安を感じる」という回答が生産者の58％、消費者の44％、「ある程度不安を感じる」という回答を入れると生産者の94％、消費者の90％であった。内

閣府の調査で「外国産より高くても、食料は生産コストを引き下げながら、できるだけ国内で作る方がよい」という回答は 2000 年の 44％が 2006 年に 87％となった。

　いずれも食料自給率に対する危機感は強いが、畜産物では生産が海外の飼料に頼るかぎり解決策はなく、輸入が難しくなると家畜を飼うゆとりをなくす。家畜に食べさせるより人が直接食べた方が効率的だからで、食生活を根本的に変えないと対応できないのである。残飯養豚、庭先養鶏、草で生産する牛肉と牛乳の調達以外は難しくなるが、本書で述べることは食料難の再来を予見させる事態が地球上で起きているということで、飽食で育った世代は貧しい食事を経験する可能性が高い。

「コメと畜産物が主食」

　輸入が難しくなると健康面でどのような影響が予想されるか、ここでは栄養学の立場で考える。

　基本的に全ての栄養素で過不足があってはならないのだが、中でも炭水化物とタンパク質は蓄えることができず、毎日、朝昼夜に分けて摂る。いかなる栄養素もこの 2 つの代わりをできず、必要量を下回ることも許されず、両者が命を守る要である。世界で穀物といえばコメと小麦、トウモロコシを指し、いずれも炭水化物（デンプン）が 70％を越え、大切なカロリー源である。ところがわが国の穀物の自給率では必要なタンパク質を満たせず、畜産物や魚介類、大豆などを食べなければならなかった。カロリーを満たすだけでは健康を守るのに不十分で、タンパク質が足りていない食料自給率を「不完全な指標」とした理由である。

　成人の基礎代謝量（生きるに必要な最小カロリー）は 1 日 1,400kcal 前後、これ以外に多くの人は 500～700kcal で社会生活を営む。これより少ないと健康な生活は送れない。現在は摂取カロリー 1,900kcal を用意するため供給カロリー 2,500kcal が使われ、1960 年代では 2,100kcal を用意するため

2,300kcal が使われた。

　デンプンは分解されてブドウ糖になり使われる。余剰のブドウ糖はグリコーゲンに変えられ、筋肉が 200g、肝臓が 70g を貯蔵する。不足するとブドウ糖に戻されるが、合計しても 1,000kcal 余りに過ぎず、貯蔵量として極めて少ない。これを越えた分は脂肪に変えられて蓄えられるが、二度とブドウ糖に戻らない。

　ブドウ糖なしで生命の維持はできない。特に脳と神経は特別で、エネルギー源としてブドウ糖のみを使用し、脳が 1 日 75g、神経で 25g必要とする（基礎代謝の 30％〜40％）。さらにブドウ糖の燃焼にはビタミンB_1が必須で、いずれが不足しても脳と神経は機能障害を起こす。白米にすると 80％のビタミンB_1が失われ、昭和中頃までの半世紀、多発性神経炎（脚気はその一つ）が国民病であった。旧軍隊は白米のご飯（銀シャリ）を常食とし、ブドウ糖は十分であったが、ビタミンB_1の欠乏で脳と神経が正常に機能しなかったため日露戦争（1904 年）で 120 万人の兵士のうち 20 万人が戦闘に加われず、3 万人が死亡したとされる。

　その後しばらくして東京帝国大学農科大学教授鈴木梅太郎が多発性神経炎の原因を突き止めることになるが、それ以降においても陸軍は白米の摂取に問題はないとして銀シャリの食事を続けた。ただ同じく白米食の欠陥に気付いていた海軍軍医高木兼寛（東京慈恵医大の創立者）は、艦内で食べられていた 1 日 6 合（約 900g）の白米の代わりに麦飯とイギリス風の食事を取り入れ、その効果をハワイと往復する遠洋航海で実証した。

　厚労省は「炭水化物からのカロリーが 75％を越えると栄養素の適切な摂取ができないことがある」といい、その代表がタンパク質である。成人では 1 日 60〜70g 必要で（摂取カロリーの 20％未満）、現在、コメから 10g、畜産物から 26g、魚介類から 16g、これ以外に大豆と小麦などから得る。ところが国産分は畜産物で 4g、魚介類で 8g 以下、大豆と小麦の大半は輸入品と国内に信頼できるタンパク質源がなく、輸入が難しくなると最初にタンパク

質不足が表面化する。国内でまかなえる炭水化物と全く違い、注意しなければならない事柄である。

　タンパク質は体の約 20％を占める（水分が約 60％）。飢餓状態になると最初にグリコーゲン、次に脂肪とタンパク質が失われ、限界を越えると命の危機となる。餓死とは"我を食べて死ぬ"ということであり、体内からタンパク質がなくなることで手足の筋肉は細くなり、胸であばら骨（肋骨）が浮き出る。骨と皮という極限状態でなくても健康を損ね、抵抗力と体力をなくすことで病気にかかりやすい。病原菌に感染しても栄養状態の良い患者で死者が少ないことは古代からの真実である。また、乳幼児では知能が発達しないなど、必要とする時期で不足すると悪影響は生涯残る。

　ではタンパク質は量的に足りることで十分だろうか？

　タンパク質は約 20 種類のアミノ酸を使って作られる。バリン、リジン、ロイシンなど 9 種は必須アミノ酸に分類され、これらはタンパク質から得なければならず、1 種類でも不足してはならないという厳しい制約があり、必要量を満たす全ての必須アミノ酸が不可欠となる。

　タンパク質を分解・合成することで体の機能を調節するが、必須アミノ酸が不足すると必要なタンパク質を作れず、新陳代謝が円滑に進まない。これが餓死につながる理由である。畜産物はアミノ酸バランスに優れ、量も多く、中でもタマゴは人が必要とする組成に最も近い。必須アミノ酸が栄養上最も大切ということになり、従って畜産物は贅沢品ではないのである。

　ところがコメではリジンが少なく、タンパク質 100 も利用価値は 65 程度となり、一升飯にする必要があった。小麦はさらに悪く 44 程度である。植物性タンパク質は必須アミノ酸の偏りが大きく量も少ない。なおサツマイモやジャガイモにはリジンがコメの 20％〜30％しかなく、タンパク質源にならない食材である。

　昭和初期、宮沢賢治は「雨ニモマケズ」に「一日ニ玄米四合ト味噌ト少シノ野菜ヲ食べ」と記した。玄米であれば脚気にならず、味噌で四合食べれば

必須アミノ酸も不足しない。原料である大豆は必須アミノ酸とビタミンB_1が豊富、カルシウムも多く、コメの栄養学的欠陥をカバーする食材で、鎌倉時代以降に食べられた。僧侶は肉も魚も食べなかったが長命であった理由には、大豆で作る精進料理を日常的に食べていたことが関係したと言われる。

　食料安保で必須アミノ酸の観点から動物性タンパク質を重視する理由を述べた。しかし、信頼できる供給源が今の日本になく、最大の課題が国内で安定して供給できる体制を作ることとなる。動物性タンパク質を国内で供給できると、ご飯一杯余計に食べることで相当程度持ちこたえられることが理解できるだろう。

「不測時の食料安保」

　国家最大の責務は「国民を飢えさせない、国民の健康を守る」ことであり、食料安保の根幹でもある。このことから食料安保は栄養バランスと関係させる必要があるが、農水省は一貫してカロリー重視である。

　1960 年の食料自給率（79％）であれば輸入が減っても特別な対策はいらない。当時と比べ食料自給率は 39 ポイント低下、コメは 30％減、漁獲量は半減、畜産物は海外依存、人口は 3,300 万人増、農業従事者の 60％が 65 歳以上になるなど、輸入が減るとたちまち深刻な事態になる。

　そこで政府は 2002 年に「不測時の食料安全保障マニュアル」を作成し、程度に応じ不測に備える項目を決めて公表した。以下はその概要であるが、国民の健康を守る視点があるか調べよう。

　レベル 0「レベル 1 以降の事態に発展するおそれがある場合」。（1）食料供給の見通しに関する情報収集・分析・提供（2）備蓄の活用及び輸入先の多角化・代替品輸入の確保（3）規格外品の出荷・流通や廃棄の抑制など食品産業業者等の取組の促進（4）価格動向等の調査・監視、関係業者への要請、指導等。

　レベル 1「特定の品目の供給が平時の供給を 20％以上下回ると予測される

場合」。レベル 0 の対策に加え、(1) 増産可能な品目の緊急増産、(2) 適正な流通を確保するための売渡し、輸送、保管に関する指示等、(3) 標準価格の設定等で価格の規制強化。

レベル 2「1 人 1 日当たり供給熱量が 2,000kcal を下回ると予測される場合」。レベル 1 の対策に加え、(1) 熱量確保を優先した生産転換 (2) 既存の農地以外の土地の利用 (3) 割当て、配給及び物価統制 (4) 石油の供給が減少する場合の農林漁業者への優先的な供給等。

不測の事態はレベル 0、1、2 の順序でなく、一気にレベル 2 になることがある。レベル 2 では「輸入の大幅な減少」と国外の異常事態が想定され、「割当て、配給及び物価統制」は法的強制力を伴う事柄である。恐らく既に農水省は細部を決めたマニュアルを用意しただろうし、倉庫には配給切符が眠っていることだろう。

実は同様なことが戦時中行われ、農家にコメ出荷を強制（供出）、消費者に配給、政府が米価を決めた。配給は 1 人 1 日コメ 2 合 3 勺（約 330g）、家庭に米穀配給通帳が配られ、持参すると購入できた（1942〜1972 年）。当然であるが、通帳には身分証明書の代わりをしたほどの個人情報が記載されていた。あらゆる食料が管理下にあり（配給制）、除外はピーマンくらいと言われる。また、生活必需物資統制令で日用品の大部分が配給制・切符制になった。

このように政府は食料品・物品の私的な売買を許さなかったのだが、"ヤミ市"では高値で売られ、農家へ"買い出し"に行くなど弱者ほど生活に困窮した。ただ統制は鎖国状態で出来ることで、自由経済体制では出来ない。「食料」が世界のどこかにある限り、それが高価格化を起こし社会的不公平を生む。

当然のことながら書かれている対策項目は国内に関することである。国内の農業で養える人数は 5,000 万人程度である。供給熱量 20〜30％減少すると全員がかろうじて生命維持できるレベルに低下する。レベル 2 の (1) に

あるようにカロリーの確保が優先されると家畜を飼うゆとりをなくし、タンパク質の確保は二の次にされ、健康面で悪影響が出る。少なくても国民を飢えから守る視点はあっても、健康への配慮がないように映る。

　マニュアルが想定していることは一時的な出来事であるが、どの項目も実行に移すまでに数年かかる。生産体制を維持するため生活に見合う保障が必要で、WTO（世界貿易機関）総会でアメリカと EU の農家保護政策が問題にされるように、農業大国でも保障を行う。価格維持政策でも国民生活の安定につながる。日本が保護政策をとっても恥じることはなく、国内での生産回復は食料が不足してからでは遅い。

　ところで食料安保の視点からの農業改革はこれまであっただろうか？本来は長期的な農政方針と一体でなければ機能しないはずである。ところが食料自給率は一度も回復せず、農業構造も変わらず、農業は衰退を続け、食料自給率が教えることをやらなかった。筆者にはマニュアルも農業予算確保、省益のための作文に見える。

穀物の宿命、強まる政治性

「コメの収穫は年一回」

　穀物は種まきから収穫まで天候に左右され、収穫は年1回、長期保存が難しく、大半は収穫後1年以内で消費される。貿易量は少ない。不作でも翌年の収穫を待たなければならず、価格は収穫の減少幅を越えて高騰する。稲作には適地があり、生産場所は限られる。

　1993年、山背（寒気）が北海道と東北に吹き込み、厚い雲が太陽をさえぎり、イネは低温で育たず、日照不足で実らなかった。作況指数（平年作が100）は北海道40、青森28、岩手30、宮城37など収穫皆無に近い（日本全体で79）。1,000万tの需要に対し200万t足りず、業者の売り惜しみ、消費者の買いだめで店頭からコメが消え、20％の減収が価格を2倍にした。これは消費者と政府を驚かすのに十分で、"平成の大凶作"、"平成のコメ騒動"と言われた。

　政府は9月にコメの緊急輸入を決めたとき、委託された商社は、どこで買う、どのように運ぶ、どこで保管するかに悩み、特に入手先に不安があった。コメ市場は規模が小さくて世界的なものでなく、商社員はアジアの大規模生産者と取り扱い業者を訪ね、ジャポニカ米は中国の好意で入手できたという。世界で流通する15％（約250万t）を集めたが、消費者は「小石が混じっている、まずい、口に合わない」と見向きもせず、政府は保管費用と品質低下に悩んだ（食料不足の北朝鮮へ送られ一段落した）。突然日本が大量に買ったことでコメの取引価格は2倍になり、アジアとアフリカの低所得者から主食を奪った。途上国では多くの人の収入は50％〜80％が食費に消える（日本の食費は収入の20％強、コメの購入費は食費の4％）。

　この出来事は日本の備蓄米の重要性を教える事件でもあり、例年のように100万t保管されていれば大騒動にならなかった。新米も古くなると味が落

ちる。当時の保存方法では梅雨を過ぎると傷みが速まる。備蓄米を売るのに苦労することが多く、この時も経費節約と新米の購入に備え在庫を減らした。10〜15℃、湿度60〜70%にした保管倉庫であれば2年程度品質を保てるが、全てを保管するには無理があった。

　小麦はやせた農地、少ない水で栽培できるので世界で生産される。アメリカの産地はオクラホマ、カンザス、ノースカロライナ、ノースダコタ、ミネソタ、モンタナ、ワシントンなどで、産地が集中することで不作の時は深刻になることを暗示する。国内では小麦を年約600万t消費し、うち90万t前後が北海道を中心に生産される。収穫期（6〜7月）に長雨で発芽し、カビが生えると有毒物質の出現で食用にできないからだが、日本では北海道を除き梅雨があり、また、根腐れすることで水田での栽培は難しい。大半はうどん用にされるが、オーストラリア産小麦粉スタンダード・ホワイトは"讃岐うどん"に欠かせない。パンや菓子、パスタの原料は全面的に輸入に頼るなど、市場の要請に応える品質のある国産小麦は少ない。

　FAO（国際連合食糧農業機関）は小麦の安全在庫水準を約2ヶ月分としている。取引価格は需要と供給で決まり、在庫が減ると高騰、他の品目にも影響する。2006年、オーストラリアの干ばつが予測されるとアメリカで作物を小麦に変える農家が続出した。2007年もオーストラリアは干ばつ、欧州は減産のうえに夏の異常高温、東南アジアの稲作地帯がサイクロンに襲われ、取引価格はコメと小麦で3倍、トウモロコシと大豆で2倍になった。これに原油価格の下落で行き場を失った投機マネーが高騰に一役買った。日本でも食料品を値上げさせ、戦後初めてエンゲル係数を上昇させた。

　この時、OECD（経済協力開発機構）とFAOは「これから10年、価格は高値で推移し、地球温暖化が進むとさらに高値」と予測した。新興国で旺盛な需要があり、投機マネーの流入、バイオ燃料向け増加で下げ止まりの要因が見つからず、経済不況で途上国向け農業投資が減るからである。

「バイオエタノールの出現」

　トウモロコシはアイオワ、イリノイ、インディアナ、ミネソタ、ネブラスカなどで生産され、日本は輸入するトウモロコシの大半をこれらの生産地に依存する。種まきは3月に南部で始まり、4〜5月が本番である。低温であると発芽せず、長雨で種は腐る。受粉期間は約1週間で、種まきの遅れや生育が悪いと暑い時期が受粉期となり、実入りが悪い。種まきから半年間、どの時期であっても干ばつや長雨、異常低温や高温が発生すると減収となり、10月に雨が降ると収穫できない。2008年6月、種まきが終わった直後に中西部で豪雨があり、アイオワ州で畑の20%が水没、種は流され、水が引いても再度の種まきは出来なかった。十分な収穫を得るには種まきから収穫まで天候が順調でなければならないが、しばしば干ばつがコーンベルト地帯を襲う。

　他の穀物と違い、トウモロコシではバイオエタノール用という今までになかった新しい用途が生まれた。このため大豆生産からトウモロコシ生産に転換する農家が増加、2007年に入ると大豆の国際価格暴騰につながった。

　2005年、アメリカで包括エネルギー法が成立、2007年の新エネルギー法はバイオエタノールの使用義務量を増やすとした。トウモロコシはエネルギー問題と関係する政治穀物になり、バイオエタノールを100以上の工場で製造、これから70の工場を新設するとした。農務省は2012年までに生産量の30%を使うとし、ブッシュ大統領は2015年までに5,000万kℓにするとした（2008年、約180の工場が稼働、20余りが建設中）。2007年には輸出を越える量がバイオエタノール製造に使われた。ブッシュ大統領の言葉を借りると「エナジー・インディペンデンス（外国に依存しないエネルギーの創出）」であり、国防政策と関係する。自動車用燃料を国内で生産することの宣言であり、同じ方針をオバマ政権も引き継いだ。

　バイオエタノールはトウモロコシが含む炭水化物（デンプン）を微生物によってエタノールに変えることで造られ、原理はコメから日本酒を造ること

と同じである。これに適した高いレベルの発酵用デンプンを含む改良型トウモロコシが作出されている。さらに蒸留によって純度を上げることで自動車用燃料になる。

ただ製造過程で大量のエネルギーを消費するため、今のところバイオエタノールは割高で原油に対して価格競争力はなく、原油価格が落ち着いたことで幾つかの工場は採算割れで操業停止に追い込まれた。また、製造過程で排出する二酸化炭素も多い。化石燃料以外から排出するとカーボン・ニュートラル[注]にカウントされるが、該当するか疑わしい。

一方で食べ物を自動車燃料の製造に使うなと抗議しても受け入れられない。なぜならアメリカの農民は利益を基準にして選ぶからである。トウモロコシを日本向けに輸出するのは利益が大きく、安定して大量輸出できるからで、日本のためではない。このことから原油が高騰するとバイオエタノール向けの生産が増えて飼料向けは減り、高値で買わないと輸入できないことになる。トウモロコシは政策によってガソリンへの混入比率10％を20％以上に上げれば簡単に需要が増える性質があり、自動車が基本となって社会の仕組みができている関係で、常にバイオガソリンに化ける可能性が残っている。

これに留まらず、トウモロコシと大豆から搾油すればジーゼル燃料もできる。EUが菜種油(なたね)をジーゼル燃料にすると日本で食用油とマーガリンが値上がりした。世界は植物由来の燃料の増産を予定し、同じことをアメリカが始めたら日本への影響は計り知れない。

トウモロコシは90％以上が遺伝子組換えである。ところが日本は輸入するトウモロコシの遺伝子組換えの混入率を5％以下に、また食品や餌にする関係で高い品質を求めるなど、生産農家が嫌うことを要求する。ところがバ

（注：植物は吸収した二酸化炭素と同量を空気中に放出する。ところが化石燃料においては吸収から放出までの期間が著しく長い。燃やすと太古に存在した二酸化炭素が加わることになり、今の空気中の濃度を上昇させる。この理由からカーボン・ニュートラルは吸収と排出の間隔が短い場合（化石燃料以外）に使われる）

イオエタノール向けではまったくそれが問題にされないことも生産農家を魅了させる理由になっている。遺伝子組換えトウモロコシを拒否することで日本が利する点は何もなく、むしろ積極的に受け入れないと輸入できなくなる可能性が高い。今のところ遺伝子組換による健康と生態系への悪影響は知られていない。

「日本は食料弱者」

　1973年にシカゴ市場で大豆価格が3.7倍になったとき、アメリカは輸出を禁止し、日本を例外としなかった。高騰に怒った世論が輸出禁止を求めたことが背景にあった。3ヶ月後に解除したが、アメリカ側の見込み違いがあったからで、日本が友好国だからという理由ではなかった。日本政府は交渉で何もできず、関係者の間で"裏切り"として語られる。自国民が困るときは、いかなる政府も輸出禁止を躊躇しない。

　アメリカには輸出管理法という農作物の輸出の規制と禁止を定めた法律があり、食料封鎖ができる。1980年代初頭、カーター大統領はソ連のアフガニスタン侵攻を理由に一部のトウモロコシ輸出を禁止、食料が武器の代わりをした最初の事例となった（レーガン政権のブロック農務長官は、「食料は武器」と述べた）。しかしソ連市場をEUやカナダに奪われ、一方で国内に在庫を抱えたりしたので、この戦略が成功したとは言えなかったが。

　ただ、その後を見るとこの事例が多くの教訓を得たことがわかる。途上国向け援助は穀物が中心で、方針に合わない国には援助を行わない現実がある。兵糧攻めの威力は大きく、湾岸戦争（1990年）に反対した国には食料援助を停止、他には援助を条件に協力させた。2003年のイラク開戦で国連は賛成、反対、保留に分かれたが、保留国の多くは援助を受け、反対表明は難しかったと言われる。

　アメリカ産肉牛においてもBSEが見つかり日本が輸入禁止にしたことがあるが、輸入再開交渉でアメリカ政府は"買え"と強硬姿勢であった。これが

基本的なスタンスで、食料が人質にされると持たないものの立場は弱い。2005年度貿易障壁報告書は「政権の最優先課題の一つ。あらゆるレベルで圧力をかけ、部分再開から半年後に全面再開を求める」と記した。

　牛肉の輸出に関して1年間の交渉で進展がなく、アメリカ側のいらだちが始まると、ライス国務長官が輸入再開を求める強行意見を述べ、ジョハンズ農務長官も「輸入再開の遅れは日米関係を悪化させる」と発言した。40人の下院議員、9名の上院議員が「米代表通商代表は早急に対日制裁を発動」するよう要求、ブッシュ大統領は電話会談で、駐日大使予定のシーファー氏も公聴会で「早期再開で決着すべき」と発言、最後には大統領に直接助言する権限を持つ国家安全保障会議まで出動しようとしていた。上院議員21名は損害額を31億4,000万ドルとし、「2005年末までに再開されない場合に報復関税を課す法案を出す」と提言した。日米は牛肉の特定危険部位を除くという条件で2005年12月に輸入を再開したが、翌年1月、特定危険部位が見つかり約束は守られなかった。

　そして日本調査団が「食肉処理場35カ所が不備」と報告すると、ジョハンズ農務長官は「システムの問題」と個別承認要求を拒否、一括承認を求めた。ところが輸入再開にあたり日本で個別承認を行なったのである(2000年3月、日本で口蹄疫が発生、2005年末までアメリカは牛肉輸入を禁止した)。

　日本は肉牛へのホルモン投与を問題にしないが、EUは認めていない(アメリカの提訴でWTOは貿易障壁として撤回させた)。日本で遺伝子組み換え穀物の混入率は5％以下、しかしそれを表示しなければならない食品は少数である。ところがEUは混入率0.9％以下、それを越えると表示を義務づけた。食料を全面的に輸入に頼る日本は輸出国の言われるがままで、これを食料弱者という。

「国のコメ備蓄」

　食料安保は生産手段の確保と維持および備蓄、輸入先の分散からなる。第

第1部　海外に頼る日本の食事

二次世界大戦から60年余り、こんなに長く平和が続いたことが珍しく、食料輸入も可能であった。だが戦争や紛争はちょっとしたきっかけで始まり、これからも平和である保証はない。当然、混乱に備える必要があり、食料確保も同じ立場で考えなければならない。

　世界的に天候不順になれば、食料危機になることは十分考えられる。一品目に限られることはなく、多くの品目に及び、品不足・価格高騰となって日常生活を脅かす。自給率の低い国ほど影響が大きいことから、食料安保は食料不足から自国を守るため論じられ、自国で一定の食料を作り、最悪の事態を避けることが基本にある。主食たる穀物の宿命として緊急事態に即応できず、輸出国でも独自の食料安保理念に基づいて行動する。世界で流通する小麦は生産量の19％、トウモロコシは13％、コメは4％程度で、輸出国も小麦は上位5ヶ国、トウモロコシは上位3ヶ国で輸出量全体の70％を占める。輸入先の分散は難しく、不作になると世界で奪い合いが始まる中で日本は輸入を続けることとなる。

　備蓄が食料安保につながる国は必要量をまかなえない国である。農業白書によると、国策として備蓄する国にスイス（6ヶ月）、ノルウェー（食用麦6ヶ月と飼料用麦3ヶ月）、フィンランド（食用麦1年と飼料用麦6ヶ月）などがある。日本はコメ1.2ヶ月、小麦1.8ヶ月、飼料用穀物1ヶ月、大豆20日程度とするが、コメ以外は国内にない場合も多い。国産米100万tの備蓄が目標で、2006年、850億円で39万tを買い入れた。保管費用は1万t当たり年1億円である。はっきりした違いは短期的な事態を想定することである。実際平成の大凶作では200万tが不足した。

　それとは別に輸入義務米200万tがある。毎年77万t輸入することを世界に約束し、年350億円で購入する。アメリカ、タイ、中国、オーストラリア、ベトナムから輸入し販売に当たって国産米の相場に影響を与えないよう管理される。主食用は10万t、工業用と援助用が50万t、毎年20万t前後が売れ残り、2006年は在庫が206万tになった。保管の長期化で品質に問

題あるコメ、すなわち"事故米"が食用にされる事件が起きた（2008 年、事故米の処分と飼料向けの急増で在庫が 97 万 t になる）。減反政策でコメ作りを制限する一方で輸入義務米が余る現実がある。

　備蓄とは新米を買い、古米として売ることである。保存期間が長くなると品質が落ち、処分は難しくなる。2005 年度の備蓄米 84 万 t の中に 1997 年産 16 万 t、1998 年産 15 万 t、1999 年産 14 万 t の古米があった。古米 1t を処分すると 10 万円以上の損失が生まれる。

　在庫処分の難しさを考えると、関係者の本音は数年間隔で不作になることであろう。日本は輸出で調整できないため生産と消費は等しくなければならず、生産が消費を越えれば余剰米となる。適正在庫は 100 万 t とされるが、2003 年、100 万 t の減収（作況指数 90）で例年より多く放出しても値上がりを防げなかった。備蓄は本来は次の収穫を待つ、増産策を立てる、輸入先を見つけるなど、時間かせぎの役割しかない。第 3 部で述べる備蓄は、このような備蓄をしないで備蓄することである。

第2部
地球の現状と未来の食料生産

飽食と飢えの拡大、不足する食料

「経済発展で起こる食料不足」

　「生活水準が上がると食べる穀物は減り、畜産物が増える」、これは世界が経験したことである。この状態で予想されるのが、1970年以降、日本が経験したように畜産物を生産するためトウモロコシと大豆が必要になるということである。だが多くの国はそれらの必要量を生産する力がなく、外国に頼らなければならない。経済発展がもたらす食料不足である。

　ここでは戦前に発展したアメリカとイギリス、戦後に発展した日本と韓国、中国、発展途上中のインドで比べ、表1に1970年と2000年における1人当たりの供給カロリーと穀類消費量、肉類消費量、国民総生産額を示した。そのうえで将来を考えよう。

　人種や文化によって必要カロリーは異なるが、現在は十分なレベルである。ただ中国とインドは深刻な食料不足がみられた。穀類の消費をゼロにすることはできないが、国による消費量の違いがある。日本と韓国ではコメの消費は半減した。注目すべきはアメリカでコメの消費が増えたことである。肥満が原因で起こる心臓麻痺、糖尿病はアメリカの国民病で、その対策の1つが穀類の勧めであった。

　消費量の違いは肉類で見られ、アメリカとイギリスは肉類を多く食べる。日本は1970年の時と比べて2.6倍の消費量であるが、これは1960年代にめざましい経済発展があったからである。韓国は1970年代、中国は1980年代半ば、インドは2000年以降に経済発展が始まる。

　中国における肉類消費の内訳はこれまで豚肉が圧倒的に多く、次が鶏肉であった。最近になると牛肉の増え方が著しく、0.2kg が 4.1kg となるが、1990年でも1kgに満たず、10年で5倍である。インドは量的に少なく、増え方も1.2倍程度だが牛肉を食べないヒンドゥー教徒（国民の83％）や豚

表1. 経済発展と食料消費の変化

		アメリカ	イギリス	韓国	中国	インド	日本
供給熱量 (kcal/日)	1970年	2,883	3,121	2,642	2,013	2,083	2,529
	2000年	3,618	3,158	2,976	2,970	2,417	2,642
穀物消費量 (kg/年)	1970年	80.4	99.9	239.0	170.5	164.7	148.5
	2000年	115.5	108.2	181.0	207.5	173.6	115.5
肉類消費量 (kg/年)	1970年	107.9	76.8	5.6	9.6	4.1	16.8
	2000年	123.0	79.4	49.4	53.0	5.1	43.9
国民総生産額 (ドル/年/人)	1970年	4,760	2,270	250	160	110	1,920
	2000年	34,100	24,430	8,910	750	450	35,620

肉を食べないイスラム教徒（11%）など、宗教上の理由で菜食主義者が多い。ところが2000年代の経済発展は急速で、この10年でタマゴ1.7倍、鶏肉3倍と、やはり所得との関係が見られる。

アジアにおいても所得の向上が肉類の消費を増やした。消費水準は欧米並にならないだろうが、生産にトウモロコシと大豆が必要になることは間違いない。

その一端を中国で見ることができる。これまで順調に穀物を増産してきたが、農業省は「2004年に穀物輸入国に転落。飼料用穀物の需要増で年3,000万t不足」と報告した（ブラジルから輸入したことで、世界はそのことに気付かなかった）。中国のトウモロコシの生産は世界第2位で主要輸出国でもあった。ところが、2006年頃から輸出量は大幅に減少し、近いうち輸入国になる可能性が高い。今世紀半ばまでに人口は3億人増え、必要となる食料も増すことになるが、いずれ自国で国民を養うことは難しくなるだろう。

「貧困が生む人口増加」

2000年に国連が採択した「ミレニアム開発目標」は、2015年までに国際社会が目指す目標を「飢餓の撲滅、1日1.25ドル未満で暮らす人の数を現在の14億人から半減、初等教育の完全普及と男女間格差の解消、乳幼児と妊産婦死亡率の改善、エイズの減少、9億人へ安全な飲み水の供給すること」とした。しかし2004年、世界銀行とIMF（国際通貨基金）の合同開発委員会はこの目標は実現困難と発表した。

発展途上国が直面する問題は急激な人口増、貧困層の拡大と食料不足である。2008年、FAOは「世界の食料不安の現状」で「栄養不足は9億6,300万人、この1年間で4,000万人が加わった」と報告した。2010年、国連の中間報告で、飢えに苦しむ人は増加する見通しを述べた。

栄養不足は社会的弱者に限られ、貧困状態で暮らす女性が増えた。その結果、母親の栄養不足が原因で毎年2,000万人の子供が極端に軽い体重で生まれる。乳児は離乳までに5人に1人が死亡、死を免れても知能の発達が悪く、栄養不足が貧困、貧困が栄養不足を生む悪循環をもたらしている。同じ報告書では「途上国における子供の栄養不足と発育不全を放置すると、最大で1兆ドルの生産性低下や国民所得の消失」になるという。

発展途上国は人口の増加が悩みであるが、女子教育が普及すると家族計画が受け入れられ、出生数は減り、乳幼児の死亡率も下がった。ところが教育のためのグローバルキャンペーンの報告では「1億人が小学校に入学できず、1億5,000万人が卒業できない」状態だという。入学で男子が優先され、多くの少女は教育を受ける機会も与えられない。「日本の援助は基礎教育分野への優先度が低い」とも言い、海外援助の内容に問題があることを指摘する。

ここで思い起こされるのが、明治政府の最初の事業で「邑に不学の戸なく、家に不学の人なからしめんことを期す」と、1886年に尋常小学校を設置、満6歳から義務教育を始めた。これは世界でも珍しく、その後の発展の礎にもなった。

ロバート・マルサスは「人口論」で「人口は倍々で増えるが（等比級数）、食料は同じ割合で増える（等差級数）。よって生産は消費に追いつかず、貧困と罪悪は一般化し、社会悪の存在は不可避」と述べ、人口抑制が大切として「解決策は晩婚と禁欲」とした。

先進国で夫婦が平均 2.1 人の子供を残すと人口は増減しない。だが途上国では子供の数が平均で 6 人を越える。「産めよ殖せよ国の為」が国是であった戦前、日本でも 10 人の子持ちは珍しくなかったが、今は少子化に悩む。途上国の多産を教育で下げることが大切となる。国連の推計によると、1900 年には全世界の人口は 16 億 5,000 万人、現在 68 億人、この 50 年で 40 億人が増え、マルサスの予言通りになった。人口急増は発展途上国に集中する。この地域で紛争が絶えず、「食料不足がテロを生む」と言うことができる。2007 年、食料供給のひっ迫で輸出規制が始まると食料を求める暴動やデモが頻発するなど、これもマルサスが危惧したことが現実に起こった。これまで難民は移動先で食料に関して常に対立を生み、さらに食料が不足すれば世界レベルで混乱が起きかねない。

「食料争奪戦の 21 世紀」

餌（食料）が個体数（人口）を決める。これは生物界の大原則である。江戸時代は食料の輸出入がなく、日本人は国内で生産するコメで暮らし、生産に比例して人口が増え、停滞すると人口増も止まった。今、日本の人口は 1 億 3,000 万人になったが、輸入食料があるからで、入手困難になると餓死者がでる。20 世紀中に世界で 50 億人増加した事実は、食料の供給があったことを示すが、それが不十分であったことも以下に述べる 10 億人近い餓死予備軍が示している。

穀物の生産量は 1960 年からの 40 年間で小麦 2.5 倍、トウモロコシ 3 倍、貿易は 1 億 t が 2 億 4,000 万 t になった。ところが耕地は 6 億 5,000 万 ha（1961～1963 年）が 6 億 7,000 万 ha（1999～2002 年）と変わらない。1 人当

たりの面積は半分になったが、2倍以上という増収でまかなった。輸出国は高収量作物を肥料と農薬を使って栽培し、1960年代、"緑の革命"をもたらした小麦とトウモロコシの増産は驚異的であった。しかし、年平均3％であった増加率が、1970年代2％、1980～2000年では1.6％となり、2000年代は1％以下になると予測される。しかし"緑の革命"を越える発明はなく、近いうち生産量は頭打ちとなる。一時、遺伝子組換え作物が世界の食料事情を好転させると宣伝されたが、その事実は見あたらない。

人口増にも係わらず総耕地面積は増えない。耕地を生みだすことは容易でなく、条件の良いところは開墾済み、残された場所は条件が悪く短期間で使用不能になるところである。放棄耕地となったのは開墾してはいけない場所を使ったからである。今後、耕地は変わらず、単収の延びが期待できなければ総量は増えず、一方、世界の人口は毎年8,000万人が増加する。貧しい国が穀物を入手出来るだろうか？不可能とするのが一般的であろう。

貧しい国では平均寿命が50歳代である。死因の大半は感染症で、栄養状態が死亡率を左右するが、貧しい国の多くの人々は穀類で生命を維持する。ところが人口増加で穀物が不足したため、穀物を輸入せざるを得なくなった。そして購入費用を工面するために先進国が求めるバナナ、サトウキビ、綿花、コーヒー、ゴム、アブラヤシなどを栽培するようになった。これらの作物は換金性が高いのでWTOもこの方針を後押しした。しかし、そこは元々現地の人が食べる穀物を生産するために使われてきた場所である。換金作物の輸出で貧困から脱出できればよいのだが、これまでそれを実現した国はなく、実際は先進国の穀物を輸入するとますます貧しくなり、国内では貧富の差が広がった。

食料増産に化学肥料と農薬は必須であるが、先進国から輸入しなければならない。品種改良も行わなければならないが時間がかかる。これらが揃ったとしても栽培知識と技術が伴わないと大きな成果は期待できないなど、発展途上国にとって食料不足は余りにも克服すべき事柄が多い。

発展途上国で1人当たりの食料は予想を越える速度で少なくなり、人口増にブレーキがかかることは間違いない。それも最も悲惨な状態で。前述したように現在10億人近くが餓死予備軍として存在し、21世紀は食料争奪戦の世紀と言えるだろう。

　アメリカ国家情報会議による1997年の報告書では「中国は2025年までに1億7,500万tの穀物を輸入する」と、世界で流通する穀物の大半を消費するとした。この予測は大きくは外れないだろう。この事態を迎えると貧しい国はますます穀物を入手できず死活問題となる。2007年、価格高騰で輸出が増えると自国防衛のため10ヶ国余りが輸出を規制した。首脳のあいだで分配について話し合われ、投機マネーの介入を許さない、協調して輸出すると合意されたが、それから2年後も輸出規制を続ける国がある。少数の穀物輸出国を除き、大半は自国消費分しか生産できない。貧しい国の特徴は穀物援助を受けて国家を存続する。

　これまで先進国の農業は余剰農産物が生まれることで価格の低迷に悩まされてきた。日本はこの余剰農産物を輸入していたので比較的安価に入手できたが、これからはどうだろう？2006年頃からコメ、小麦、トウモロコシ、大豆の国際価格の変動パターンが従来と少し違い、高値止まりの傾向が見られるのである。そして2008年、史上最高の高値となった。

アメリカ農業が抱える問題

「企業に組み込まれた農業」

　アメリカのアグリビジネス（農業関連産業）は世界を相手に行ない、農用資材から生産、流通、販売まで支配する。政治と関係することが多く、政府高官が民間企業の役員になり、役員が高官になる。遺伝子組換え作物（GM作物）の認可の速さに関係者も驚いたというが、立案者は当の会社と関係があったためである。官民一体となって農業の世界制覇をもくろみ、鶏のヒナ、遺伝子組み換え作物の種子の大半を世界に供給し、農薬と動物薬で圧倒的なシェアーを持ち、穀物貿易で対抗できる企業は他国にない。以下は企業に組み込まれたアメリカ農業の強さであり、同時に弱さでもある。

　最初、企業は雑種（F_1、ハイブリッド）で成功した。"病気に弱いが収量は多い"系統と"病気に強いが収量は少ない"系統を交配し、"病気に強く収量が多い"雑種を作った。自然の摂理（雑種強勢）を利用すると鶏では同量の飼料で多くタマゴを生み、作物では収量が多く品質も均一になり、そのうえ自然の仕組みを壊す心配もない。ただ雑種で特徴がハッキリ表れる系統（純粋種）を多くの中から選び出さなければならず、時間と人手がかかる。雑種からもヒナや種子は得られるが、高い性能は望めないため使用できず、企業は毎回ヒナや種子を売ることでビジネスになる。

　"緑の革命"をもたらしたトウモロコシもそれと同じ原理で作られ、1ha当たり2t程度であった単収を短期間で3t以上にした。ただ抗病性が弱かったため、1970年、ごま葉枯病で大減収、被害額1億5,000万ドルと少数品種の恐ろしさを経験した[注1]。

（注1：同様な例をアイルランドはジャガイモで経験した。単一品種（ランパー）であったため、1845年に発生した病気が全国に広まった。壊滅的な減収が3年続き、840万人の中で100万人が餓死、150万人が祖国を離れた）

次が遺伝子組換え作物である。別の生物の遺伝子を持つことで"フランケンシュタイン作物"と言われ、自然界に存在しないもので生態系を狂わす危険が指摘される。種子は翌年も使えるが、農家は採らないことを条件に購入する。メーカーに見つかると過失がなくても裁判で敗訴となる厳しい契約である。最近では"発芽抑制（自殺）遺伝子"を一緒に組み込み、あるいは雑種にすることで毎回購入しなければならないことが現実になった。従来の種子に比べ数十倍高価である。

　トウモロコシの害虫であるアワノメイガの幼虫は茎の中という殺虫剤が届かない所にいるため駆除できず、被害額は 3,000〜4,000 億円に上るとされる。そこでガを殺すタンパク質の遺伝子を微生物（*Bacillus thuringiensis*）から取り出し、"Btコーン"を作った。殺虫剤の使用を減らした上、単収の増加につながった。ただ、Btコーンで耐性を示すガの出現は時間の問題であり、また、農薬を使わなくなったことで別の害虫が増えることになった。

　ここで述べる除草剤はグリホサートを主成分とし、アミノ酸合成を阻害することで植物を枯らす種類である。葉から吸収されて植物体内を移動して根を枯らし、しかも土に触れると分解することで安全性は高い。あまりに優れた除草剤であったため、遺伝子組換え作物が計画されたと言われる。

　除草剤耐性作物を作る方法を大きく分けると 2 つあり、一つが除草剤に影響されないアミノ酸合成酵素の遺伝子の導入、もう一つが除草剤を分解する物質の遺伝子の導入である。これらを大豆、テンサイ、ジャガイモ、菜種に入れた（2004 年、メーカーは小麦で開発中止を表明）。除草剤を使うことで省力になり、単収も上がった。このメーカーが販売する除草剤のみ使用でき（今はジェネリック製品がある）、種子とセット販売することで高い利益を得る。しかし、予想されたことだが、除草剤抵抗性の雑草が増えることになった。

　ここで付け加えることは、かつて心配された健康への悪影響、環境と生態系への悪影響は見られないことである。使用開始から 10 年余り、少なくと

も現在まで遺伝子組換え作物の悪影響を示す結果は得られていない。ただ生態系への影響を評価するのには10年余りという年数では短いかも知れないが[注2]。

　かつて農民は育種家と言われ、自分で種子を採り農地に合う作物に育ててきた。ところがトウモロコシと大豆で遺伝子組換えが全体の90％になると（2008年）、この良き伝統が失われた。問題は品種が少ないことである。一つの品種に許される気象条件は狭く、少しの悪化で不作、好天で豊作、容易に価格は乱高下する。生産者の一部は生産量が少ない、また、実らないと裁判を起こしたように、アメリカ国内といえども農地が平等に遺伝子組換え作物の耕作適地であるとは限らない。選択肢が少ないと農地に合う品種を見つけることが難しく、豊作と不作は表裏一体、アメリカ農業が抱える弱点である。

「劣化が進む農地」

　アメリカ農業は官民一体となって世界に膨大な農産物を輸出する。ただ農業現場には解決の難しい問題がある。F_1作物や遺伝子組換え作物になっても豊かな土と水がなければ効果がなく、今も表土流出や水不足で耕作できなくなるか、塩害で耕作できなくなるかの競争になっている。これらは畑で起こりやすく、日本の水田では全く経験しない事柄である。

　農業は地球表面30cmの表土で行われる。表土が1cmできるのに数百年から数千年、現在の状態になるまで数千万年を要した。ところが表土流出により耕作不能になった耕地が増えた。1970年代初頭の食料危機からアメリカ農業は"世界のパンかご"としての役割がハッキリし、農産物輸出が急速に拡大すると10年間で2,000万ha耕地が増加した（15％増）。畑が水平であ

（注2：　"影響あり"の証明は、これを示す一つの事実があれば十分である。ところが"影響なし"の場合では完璧な証明は不可能である。この理由で遺伝子組換え作物の安全性を示す証拠を幾つ出しても反対者はなくならない）

る必要はないので、この中には傾斜地が多くあり、土壌浸食が深刻化することになった。

　耕耘、種まき、肥料や農薬散布、収穫と何回も大型農業機械が畑に入ることで地中に耕盤ができ、水が浸透しにくくなった。耕したことで土粒(つちつぶ)は小さく、表土は軟らかい。雨は土砂降り状態であることが多く、傾斜地は流れが速い。1982年の調査では 4,000万ha（44％）で表土が流出、1ha当たり年20tを越えると報告した。1990年代に環境保全政策を取り入れ、浸食されやすい耕地は政府と契約し耕作中止、土壌保全型休耕地は 1,500万haを越える（価格維持政策による生産調整の意味もあるが）。ここを草地や林地にしたことで農務省は年間 6億t、1ha当たりでは 43tの土壌流出が防がれたという。それでも全米で毎年 17億〜31億tの表土が失われている。

　収穫量の多さと養分消費量は比例し、生産性を上げるには土壌に養分がなければならない。多収穫用に改良された小麦とトウモロコシで養分の収奪が激しく、土壌を劣化させた。化学肥料はいっとき高い単収をもたらすが、地力の劣化を防ぐ力はない。農薬と肥料を大量に使った反省から有機農業の大切さに気付くことになるのは 1980年代になってからである。ちなみにヨーロッパ農業は地力の低下に悩んだ過去があり、毎年、作物の種類を変え（輪作）、3〜4年ごとに休耕し家畜を放牧、さらに堆肥で地力を回復させた。ただ、アメリカは耕地が広く、有畜農業でないため同様の方法で解決することは難しい。

　80％の耕地は雨水が頼りである。カーター大統領時代に上院の公聴会で 6名の気象学者全員が「耕地の拡大により乾燥化が進んだことで、中西部で半世紀以内に 30〜50％降水量が減る」と予測した。降水量の減少は晴天が多くなることを意味し、湿度は下がり、地温は上がり、干ばつの条件が揃う。降水量の低下だけでなく、地球温暖化も干ばつを起こしやすくする。

　中西部は半砂漠地帯で、かつては一部でトウモロコシ栽培ができるのみであった。ところがセンターピボット（乾燥地域でも大規模に作物を栽培でき

る灌漑方法）が実用化されると一変、大産地が生まれた。上空から眺めると真ん丸な緑が地平線まで続く。巨大なスプリンクラーが秒針のように回転しながら散水するからである。20万本以上の井戸で330万haを灌漑しており、全灌漑農地の20％になる。ただ、ここに水を供給している北米最大のオガララ帯水層の水量にも限りがあり、幾つかの推計によれば既に半分が失われたという。メキシコ湾に近い州は地下水の枯渇で栽培不可能になり、また、くみ上げ困難になった地域を干ばつが直撃した。両者は大豆の生産地でもあり、水不足になると大幅な減産となる。

　カリフォルニア州は農産物生産額が全米で1位、用水を使って生産する。雨量は日本の30％で雨水に頼れず、地下水はなくなり、北部はシェラ・ネバダ山系、南部はオレゴン州とコロラド州のロッキー山系からの雪解け水に頼る。北部はダムがあり、不安は少ないと言われるが、小雪で水不足になる。内陸部の山岳地帯では降雪の減少、南部では雪どけの早まりで水不足が予想される。なにしろモンタナ州にあるグレーシャー（氷河）国立公園が10数年後にはノングレーシャー国立公園になると心配されているほどである。大量の水を使う農業が州民の批判対象になっている。

　塩害とは土壌中の塩分が多いと植物が育たない現象をいい、1980年代、灌漑農地の27％（500万ha）でその存在が認められた。F_1作物の導入で収穫が増し、使う肥料も多くなったためである。これらの肥料には土壌塩分を高める種類がある。水は地中の塩分を溶かして運び、蒸発して地表に残す。畑の灌漑は地下数10cmを湿らす程度で行われ、地表で塩分の高まりは避けられない。唯一の解決方法は大量の雨で洗い流すことだが、灌漑は雨が少ないことで行われるので、結果的に長期の休耕を余儀なくされ、最悪の場合では耕作放棄を強いられる。

　灌漑で塩害が起きることを四大文明発祥の地の一つであるメソポタミアが経験している。チグリス川・ユーフラテス川の水を使うことで驚くほどの収穫があり、初の巨大文明を生んだ。ところが数百年すると小麦、次に大麦も

育たず、国力を弱めて崩壊のきっかけになった。そして今に至るも農地として使えない。世界では灌漑農地の 24％（6,000 万 ha）で塩害が見られる。

　ここでスタインベックの小説「怒りのぶどう」を思い出す。農地問題の出発点と考えるからである。開拓者はバッファローが暮らす草原を耕した。草は地面を被うことで表土を維持するが、畑にしたことで地表をさらすことになった。このことで土は乾き、風で飛ばされ、農業は干ばつ、大砂塵というしっぺ返しを受けて耕作不可能になった。大農が"キャッツ（キャタピラを備えた農用トラクターなど）"を導入し、広い場所を畑にしたのである。

　アメリカ農業は第二次世界大戦後から飛躍的に発展した。したがって、ここで述べた農業問題は半世紀以内という短期間で発生した事柄である。これまでマイナスを上回るプラスがあったが、これからはどうだろう？余り大きなプラスを期待できないというのが結論である。

地球で起こった農業基盤の悪化

「ローマクラブの警告」

　1970年、世界の著名な科学者、教育者、経済人など100人がローマクラブ（全地球的な問題に対処するために設立した民間のシンクタンク）に集まった。1972年、「成長の限界」で「資源は無限でないから成長は続かない。無限にあっても自然の浄化能力に限りがあり、環境の悪化で成長は続かない」と述べ、強い衝撃を世界に与えた。ただ1960年代、農業と工業で驚異的な発展があったので、英知と技術の可能性を過小評価してるという反論も多かった。不完全な動物が人間だと言われるが、知能においてもそれが見られ、特に予測能力に欠けるようである。

　江戸末期は10aの水田でコメ200kg程度の収穫だったが、今は500kgを越える。背丈は低くされて養分がコメになる割合が増し、肥料が十分なため根を広げない。そのため天災に弱い。効率よくコメを生産するように改良されたが、雑草に負け、病気と害虫に侵され、肥料と農薬を使わない稲作は不可能になった。日本は1ha当たり肥料250kgと農薬60kgを使う。改良された作物は肥料を多くすると単収が増すので、今は常に多く肥料を与える。全ての穀物においても言えることだが、増産が可能になった背景に新しく加わった窒素肥料（尿素）がある。それまでは窒素不足で単収が上がらず、養える人数は最大で30億人までだったする識者もいる。

　農業技術と品種改良は肥料の利用性を高め、農薬が欠点を隠す。増収はこれらの組み合わせで実現した。確かに英知と技術の勝利と言えそうだが、背景に石油の大量使用があった。石油は肥料と農薬、農用資材の製造やトラクターを動かすのに使われる。暖房でトマトやキュウリを育てると、その重さの3分の1以上の石油を燃やす。農業での石油の使用量は50年間で15倍、食料という名で石油を食べると言われるまでになり、ローマクラブの主張と

反対のことをこれまでやってきていた。

　資源量とは地球にある総量のことで、使用すれば確実に減る。埋蔵量は現在発見されている資源の量で、日本石油鉱業連盟は可採年数を向こう50年分1,620億tとする。石油の汲み上げは1850年代に始まり、毎年30億tを採掘で減らし、今世紀半ばで終わる。ソニア・シャーは「『石油の呪縛』と人類」で、「次に使える石油ができるまで1億年」という。大規模油田の発見は北海油田が最後である（1960年代）。発見量より消費量が多く、EUはピーク・オイルと安く無限の時代は終わったと考える。2009年、国際エネルギー機関の研究者も「世界の大油田はピークを過ぎ、世界全体の石油産地を見ても産出のピークを迎えるのは10年後」と分析、「5年以内に供給不足が起きて経済に大きな影響を与える」とした。石油に代わる資源は今のところ存在しないのだが、使用量削減は世界から無視されている。

　この2世紀にわたる人類の繁栄は石油がなければ存在せず、現代文明は石油が作った"砂上の楼閣"である。サウジアラビアの諺に「父の交通手段はラクダであった／私は自動車を運転する／息子はジェット機に乗っている／彼の息子はラクダで移動するだろう」というのがある。石油枯渇の恐ろしさを知る国であり、他人事と思えない。

　英知とは石油の浪費であり、それで農業も発展した。ただしそれはいっときに過ぎず、"緑の革命"は農地を疲弊させ、用水を枯渇させた。二酸化炭素の増加は環境の悪化が進んだことを示し、異常気象が食料生産を妨げる。ローマクラブの予想は外れたとする意見はあるが、影響がハッキリするまで時間がかかり、この10年の地球が予想の正しさを証明した。2004年、ローマクラブから研究を委託されたデニス・L・メドウズらが「その後の30年、人類の選択」を副題とした「成長の限界　人類の選択」を出版し、石油事情は「当時より悪化」と報告した。

　日本は毎日中東から20日かけて運ぶ原油400万バレルを、1日1人約5*l*消費し、石油を使うことで食生活も改善された。第一次石油ショック（1973

年）で日本は石油資源を持たない悲哀を味わったが、これからは食料を自給しなかった悲哀を一緒に味わうだろう。

「農業地帯の水不足」

　水を必要としない農業は存在せず、食料を増産する限り需要が増す。この1世紀で水の使用量は7倍に増加、その70%を農業で使った。利用できる淡水は全量の0.01%、これに頼って人類は生存する。イザヤ・ペンダソンは「日本人とユダヤ人」で「日本人は平和と水を無料（ただ）と思いこんでいる」と指摘する。山紫水明（山や川の景色が美しいこと）の中で暮らすと水不足の恐ろしさを実感しないが、注意すべきは海外の水事情で、日本は海外の水に頼って暮らす。ここでは幾つかの国における農業と水との関係を見よう。

　かつてサウジアラビアは全面的に食料を国外に頼った。国王ファイサルとハーリドは輸入がストップしたときの打撃に気付き、1970年代後半、小麦の自給を目指して灌漑農業を始めた。地下水を使って60万haを緑地化する大事業である。その後、淡水化した海水も使われ、最終的に160万haになり、420万tの小麦生産があった。ところが地下水が枯渇するに従い多くの小麦畑は姿を消し、生産量は180万tに低下した。

　オーストラリアは雨水に頼る農業である。ここ10年は小雨が続き、2006年、大干ばつで麦の収穫量は例年の30～40%、コメは10%となった。2007年も干ばつで、牧草が育たず多くの畜産農家が廃業した。選挙で争点になり、与党は自然現象として責任回避、野党は環境政策の失敗と批判した。

　インドには地下水を使った小麦とコメの生産がある。しばらくすると水位は猛スピードで下がり、一時の井戸の水涸れで収穫は皆無となり、井戸水が完全になくなると荒れ地に戻った。ここ30年で井戸の使用は2,000万本と4倍になり、世界で最も大量の地下水を使う。インドも40%強が灌漑農地、その半分以上が地下水を使う。川からの水であれ、地下水であれ、灌漑すれば塩害が発生する。事実、インドで塩害の被害が拡大した。

1972年、中国の黄河では河口から上流に700km地点まで川の水が干あがった（断流）。上流で無制限に取水したのが原因で、1997年には断流が226日となった。下流の山東省はトウモロコシと小麦の大産地である。黄河から水を得られず、地下水も減って深刻な水不足になった。2000年を過ぎると上流の取水制限で断流はなくなったが、本来の流量に戻っていない。

　中国の水の80％は長江以南にある。そこで北京と天津などに運ぶ「南水北調」が計画され、2002年に長江（揚子江）の上流、下流で着工され、2010年完成予定である。しかし「汚水北調」が言われ、水質悪化と生活環境悪化によるヨウスコウカワイルカの絶滅は世界に衝撃を与えた。排水は処理されず有害物質はたれ流し、河川域の70％、都市部では90％が危険な状態で、人民日報は「2000年、安全基準を満たさない水を3億8,000万人が飲用、2005年でも3億人以上が飲用していた」と報道した。もちろん、このような水は農業に使えない。

　中国での水の使用量は1人当たり2,100tと世界平均の30％である。農業用水は10％不足し、2001年以降毎年3,500万tの食料を失うという。北部穀倉地帯の降雨は500mm程度で夏の数ヶ月に集中し、近年は秋口に雨が降らないため小麦の種まきができない地域も多い。北京オリンピック開会式当日、雲にミサイルを撃ち込み、雨から会場を守ったが、これは雨不足解消のため開発した方法である。食料自給ができなければ想像を越える食料を輸入しなければならず、中国の水不足は地球全体を悪い方向へ変える。

　2006年、「世界水フォーラム」で「世界の大きな河川500本の半数が渇水状態」とする発表があった。原因は過剰取水である。アジアでもメコン川の上流を流れる中国と下流のミャンマー、ラオス、タイ、カンボジアで、また、ガンジス川でインドとバングラデシュで稲作に使う水で争いがある。上流で大量に取水するため下流に届く水がないのである。

　国連による「国際コメ年2004」は日本の役割を期待して東京で開かれ、基調講演で「数年前からコメの生産が減り、世界的なコメ不足が心配」と述

べられた。原因に人口の急増、化学肥料による環境汚染、水不足、干ばつが挙げられ、中でもアジアの水田の50％近くに潅漑施設がなく、水不足が大きな原因とした。水不足の深刻化が地域紛争の火種になりかねず、世界で「21世紀は水争いの世紀」と言われる。

　淡水のもとは雨、人は雨水で生きる。雨水の一部が農業で使われ、大半は海に流れ、雨として戻る大きな循環にあり、持続して利用可能な資源である。ただ利用できる範囲に降ることが条件であるが。ところが地下水は浸透を越えて取水するとなくなる。浸透に時間がかかり、リビアの深層水は2〜3万年前、アメリカ中西部の地下水は1万年前、日本で地下300mより深いと江戸時代以前の水であるという。地下水は有限の化石資源と同じであるが多くの人は気付かない。

「農業が作った砂漠」

　"地球は素顔を見せることを好まない"と言われ、常に大地を植物で被うことで隠してきた。ところが素顔をみせた途端、自然の猛威を受け、不毛の大地（砂漠）に変貌した。

　自然を保全利用する農業といえども潜在的に素顔の破壊者としての側面があり、過放牧、森林の乱開発、不適切な農業活動などが原因で世界で耕地の40％が悪化もしくは砂漠化した。これを"沙地"といい、自然に出来た砂漠と区別する。原因に風食、水食、化学的劣化（塩害、土壌汚染、酸性化）と物理的劣化（踏みかため、湿地化、乾燥化）がある。劣化は進行が速く、面積は広い。表土を失うと二度と緑地に戻らない。ここでは農業と放牧が作った砂漠の幾つかを見よう。

　ブラジルには500万km^2の熱帯雨林があり、二酸化炭素の30％を減らす"地球の肺"である。ブラジル政府は「1998年の1年間で1.7万km^2の森林が壊され、1972年以降、53万km^2（13％）がなくなった」と言い、また2006年に国際熱帯木材機関は「毎年12万km^2が牧草地や農地になる」と、

1970年代に比べ5分の1の森林が失われたと言う。

　ブラジルの土壌は強い酸性で肥沃度は低い。それでも世界有数の牛肉と大豆の生産地になったが、有機物の分解が速くて短期間で劣化し、放牧すると数年で草は育たなくなり、肥料を使う農業も数年で不可能になり放棄された。放棄地から表土が流出し、雨季になるとスペースシャトルから見える規模で河口の大西洋を土色にする。乱開発が砂漠を生み、2009年、ようやくブラジル政府は森林伐採面積を大幅に減らす方針を出した。

　1998年、中国は「表土流出367万km^2（国土の38%）、砂漠化262万km^2、草原荒廃135万km^2で、無秩序な森林伐採、無理な開墾、家畜の過放牧により全土が悪化」と報告した。同じ年にあった長江の大洪水（被災2億人、損害3兆円）で国土の荒廃に気付いたと言われ、2000年、「人が多く土地が少ない。土壌の荒廃を止めないと持続可能な発展に影響」するとして、"封山育林（退耕還林還草、退田還湖）"を始めた。ただ食料増産のためこの活動は一時中止を余儀なくされたが（その後、速やかに再開された）。

　中国北東部は小麦とトウモロコシ、大豆の大生産地である。近年、作付け耕地は減少し、単収は低下傾向にある。2007年、中国科学院は「耕地3,500万haで穀物の30%を生みだす北東部で肥沃な黒土が失われ、国の食料安全が危機」と報告した。黒土は60年間で平均80cmが30cmになり、85%の土地で養分が少なくなった。原因は過剰開発と不適地の耕地化、潅漑施設の未整備、化学肥料の乱用、有機肥料の不足にある。ここ10年、春先に干ばつで大量の黒土が風で飛ばされ（風食）、年3,500km^2が砂漠化、先端は北京まで7kmに近づいた。

　遊牧民は草がなくなる前に次に移動する。草原から草をなくさない知恵である。第二次世界大戦後、貨幣経済に組み込まれた遊牧民らは多くの羊を飼う必要に迫られた。山羊から得る"カシミヤ原毛"は繊維の宝石と言われ、高値で売れるので山羊の数は内モンゴルで従来の3倍になり羊を越えた。羊と山羊は草の根元まで食べる。山羊は行動範囲が広く、木の皮、立ちあがっ

て葉と小枝を食べることで植生に与える影響が大きい。過放牧すると草木がなくなり、風で動く大地になる。

その結果内モンゴルでは1960年代から草原の減少が始まり、既に3分の2近くが失われ、国土の半分以上が砂漠化した。ここ数年、冬に多数の家畜が死亡するなど、越冬に必要な草も残っていない。春になっても草が育つ時間の余裕がなく、砂が草地を飲み込み、不毛の大地を広げ、風食による砂漠が誕生した。砂嵐は"黒い嵐"と言われ、規模の大きさと恐ろしさは体験しないとわからないという。

これまで黄砂はゴビ砂漠と中国北部が低気圧に覆われる3〜5月がピークで、草原に緑が戻ると急速に少なくなった。それが1990年頃から規模は大きくなり、回数は増し、発生は長期化した。今では朝鮮半島はもとより、日本にも飛来し、太平洋を越えて北米にも届く。

地球温暖化による環境の変化

「猛暑日と動植物」

　ゴア元副大統領は、1998年、アメリカ海洋大気局の「1880年の観測以来、平均気温は過去最高の16.5℃に達し、ここ15ヶ月の地球の平均気温が過去最高の平均気温を上回った」という発表を受け、世界に向けて二酸化炭素排出削減を訴えた。IPCCは「平均気温が1901年〜2000年の間に海面は0.64℃、陸上部では0.74℃上昇」、2007年、「温暖化が起きているか議論する段階でない」という見解を示した。しかしこの10数年、地球は異常に暑くなっている。ここでは地球温暖化現象の幾つかを見よう。

　南極と北極は地球環境のバロメーターと言われ、ペンギンとホッキョクグマが世界に窮状を訴える。幼いペンギンは雪に強いが、雨に濡れると凍え死ぬ。ホッキョクグマは氷山がなければ暮らせないが、北極の氷の面積は半分以下、厚さも60％になった。氷河を失った陸地で地温、氷山を失った海で水温が上昇し、状況を急速に悪化させた。また、五大陸にある最高峰の山でも氷河の減少が始まった。いずれも人が住まず、近くに工業地帯もない。原因は地球温暖化以外にないのである。

　地球は誕生から46億年の間に1〜10万年単位で温暖化と寒冷化を繰り返した。最近の気温上昇は10年単位でわかり、2007年、IPCCは「人間活動が温暖化の原因となっている可能性が非常に高い」と発表した。日本でも1900年以降平均気温は1.1℃上昇している[注]。

　気温は、夜になると熱が赤外線となって宇宙に放出されることで下がるのだが、温室効果ガスの増加で夜間でも下がらなくなり、日本では最低気温が

（注：気温は1時から24時まで1時間ごとに観測され、1日で最も暑い気温が最高気温、最も低い気温が最低気温となる。平均気温は24回の平均値である。日本の平均気温は、都市化の影響を受けない17地点の観測結果にもとづく。）

平均 1.42℃上昇した。熱帯夜が増えた原因でもある。一方、最高気温は平均 0.71℃の上昇である。ここに平均気温だけでは語れない恐ろしさがあり、最高気温と最低気温の上昇は生物の生存に強く影響する。

　これまで気象庁は気温 30℃を越えると「真夏日」としてきたが、2007 年から 35℃を越えた日を「猛暑日」とした。気温が 35℃以上になる日数が急増して熱中症が心配され、真夏日では不適切になったからである。過去 80 年間で 40℃を越えた年は 29 回、うち 26 回が 1990 年以降にあり、2007 年、熊谷市と多治見市では最高気温が 40.9℃になり、山形市で記録した 40.8℃を 74 年ぶりに越えた。また、夜間に最低気温が 25℃を越える「熱帯夜」は、東京で 1980 年まで年 10 日以下であったのが、1990 年以降は年 30〜40 日にもなる。

　世界で平均気温 0.74℃の上昇に比べ、日本では 1.1℃の上昇とより激しい。水蒸気は温室効果ガスの一つで、二酸化炭素に近い効力を持つ。日本は多湿を特徴とし、二酸化炭素濃度が同じでも温室効果ガスの多い国ということである。前述の通りこの理由で猛暑日と熱帯夜が増えたのであり、特に夏で最高気温、最低気温とも極端に高くなることに注意しなければならない。熱中症は猛暑日、熱帯夜に発生するように、動植物への影響は平均気温の上昇より最高気温、最低気温の上昇を深刻に考えなければならない。

　当然、動植物への影響は夏場に強く出る。人は暑くなると水を飲む。植物は根から水を得て葉で蒸散することから気付きにくく、萎れたり枯れたりすることで土に水が少ないことに初めて気付く。気温が高いほど葉からの蒸散が盛んになり、土から水分を奪う性質がある。水不足は光合成の低下をもたらし、生育にマイナスとなる。また、夜間、植物の呼吸は気温が高いほど盛んで、養分を余計に消費するため生育にマイナスとなる。このように地球温暖化は全ての植物に影響する。

　つまり地球温暖化の最大の問題は動植物の生存への影響である。地球は温暖化と寒冷化を繰り返し、ある生物は絶滅、いま目にする生物は生き延びた

種類である。多くは数万年単位というゆっくりした気温変動であったため適応できたが、急激な変動であったら生き残れた種類は大幅に減ったと言われる。

　気温の変化は陸上で著しい。多くの生物は10年から100年単位で1℃変動すると対応できないとするのが科学の常識で、気候の変化、適地が不適地になることで動植物を含め、従来の生態系が地球規模で根底から変わる。特に植物は移動できないため影響が大きく、日本ではミカンの栽培適地が不適地になり、世界遺産である白神山系のブナ林も消滅すると心配されている。

　地球温暖化による動植物の生態系の変化が、食料生産にも影響されることで人類も温暖化の弊害から逃げられない。全ての生物は棲み分けや食物連鎖で結ばれ、相互依存という一定の生態バランスを保って生きている。このバランスが崩れると回り回ってあらゆる生物が影響を受ける宿命にあり、人類だけが無傷ということはない。

「洪水・干ばつの頻発」

　世界中で地球温暖化により洪水と渇水、暴風と台風、干ばつの発生が多くなり、規模も大きくなってきた。そうなると雨の降り方と雨量も極端に変わる。以下は日本に関係する事柄であるが、地球規模で温暖化の影響を知るモデルでもある。

　空気 $1m^3$ にある最大の水分量は、0℃で 4g、20℃で 17g、40℃で 51gと極端に違う。水蒸気は目に見えないため想像しにくいが、夕立を例にするとわかりやすい。真夏、地表が熱せられて激しい上昇気流が生まれ、空気中に存在した水が上空で冷やされて積乱雲（入道雲）となる。その積乱雲に含まれた水分が、気温が下がる夕暮れ時に豪雨となって落ちたものが夕立である。夕立が一面を水浸しにすることから暑い空気が含む水の多さを想像できるだろう。急激に雲が発達すると雷が発生し、夕立を"雷雨"ともいう。また、突然狭い地域に大量の雨を降らす"ゲリラ豪雨"ともなる。冬に積乱雲は現

れず、夕立もないように気温が低いと空気の水分も少ないのである。

　また、陸に降った雨の60％は地面で蒸発する。このため雨量が同じでも平均気温が1℃上がると河川の水量は10％程度少なくなる。水の乱用のほかに世界で大きな河川が渇水状態となった理由の一つに、地球温暖化がある。

　雲が出現するためには上空で大気が冷やされなければならないが、温暖化により夜間でも気温が下がらず雲ができにくい。晴天が続き、土は乾き、湿度は下がる。激しい上昇気流が生まれ、突風や竜巻（トルネード）が発生する。温暖化するとその回数は増し、規模も大きい。アメリカ中西部で竜巻の発生が多いことは知られていたが、最近は日本でも珍しくない。また、内陸部では地表に蒸発する水も残っていなくて雲ができず、地表に達する太陽光が増えて気温と地温を上げ、干ばつを起こしやすくする。

　この100年で海面水温は北半球で0.52℃、南半球で0.47℃上がった。蒸発が盛んになり、洋上の大気は以前より多くの水分を含む。地球表面の70％を海面が覆い、台風がもたらす雨の大半は海で蒸発した水である。台風は気温が高くなると発生し、暖かい海水からエネルギーを得るため温暖化するほど勢力が強まる。なお北米付近で発生するとハリケーン、インド洋で発生するとサイクロンと呼ばれる。

　赤道付近では常に上昇気流が生まれ、海面水温が26℃を越えると激しくなる。暖かく湿った空気であると上空で雲ができやすい。水蒸気が水（雲）に変わるとき潜熱が発生し、水分が多いほど発生量が多い。このことで空気が軽くなり、地球の自転（コリオリの力）によって渦巻き状態で上昇を続ける。その結果、中心で気圧が下がり、ここに向かって周りから湿った空気が次々と吹き込む（熱帯性低気圧）。海面水温が28℃を越えると台風に発達、熱帯性低気圧より勢力が強く、大きな暴風圏を伴う。"台風の目"というのは上昇気流の中心で、取り囲む雲は数100kmにもなり、豪雨をもたらす元凶となる。2009年8月、台湾を襲った台風8号「モーラコット」は2日間で3,000mmの雨を降らせた。

日本に接近する台風は赤道付近の太平洋上で発生し、近づくと勢力を弱めることが多かった。ところが日本の南方海域で海水温が 0.7〜1.3℃ 高くなったため、日本に近づく間も勢力を強め、"風台風"と"雨台風"の両方の性質を帯びた。雨は短期間で海に運ばれるため雨水はほとんど利用できないが、水害や表土流出、がけ崩れ、地滑りを起こす。台風による死者の多くは河川の氾濫と土砂崩れ、沿岸部での高潮と常に水が関係する。日本海に抜けても海水温が 1.2〜1.7℃ 高くなったことで勢力は衰えず、温帯低気圧になるのは北海道に上陸したあと、そのため東北と北海道で収穫前の農作物が大きな被害を受ける。また、28℃を超す期間の長期化で梅雨から晩秋まで台風が発生し、台風がよくやって来る時期とされる"二百十日（9月1日前後）"は死語となった。

　1時間 20〜30mm の降水を「土砂降り」、50mm 未満を「バケツをひっくり返したよう」、80mm 未満を「滝のよう」、それ以上を「猛烈な雨」とする。気象庁は、今世紀末、降水量が 20% 増、地域によっては 60% 増を予測する。日本は山国である。河川は流れが速いうえ河口までの距離が短く、複雑に蛇行する。大雨は急な増水をもたらし、氾濫、堤防を決壊させて水害を起こす。山間地では大雨により土砂崩れが起こる。

　1時間雨量 80mm を越える猛烈な雨の回数は 1996 年を境にほぼ倍増、2005 年では 28 回に達した。2004 年、1日雨量 200mm 以上が 469 回、水害による被害 2 兆円と過去最大の記録であった。東京都の防災工事は 1 時間雨量 50mm を想定するが、1996 年以降の 10 年間で想定雨量を越えた年が 5 回あり、計画見直しを迫られた。日本に限らず、世界の大水害は 1985 年から 5 年間で 600 件が 2000 年から 5 年間で 1256 件になるなど、世界でも雨の降り方が変わった。

　西高東低は冬の気圧配置で、大陸から日本に向かって季節風が吹く。日本海を渡るあいだに寒気団は暖められて水分を含み、日本海側で雪を降らす。日本は世界の降雪地の中で南に位置し、冬季オリンピック候補地審査では長

野の降雪を疑う選考委員がいたという。

　ところが最近、寒気団が南下せず、日本に向かう風が弱いので雪が少ない。このためスキー場のオープンが遅れ、春の閉鎖が早まった。雪が雨に変わり、すぐ川に流れ出る。冬山の雪はダムに貯えた水に等しく、春から川に流れ込む。関東圏で使われる水の半分は雪どけ水を利用しているので雪不足のうえ雪解けが早まると水不足となり、温暖化で断水の危険性は高まった。そのため新潟県境の山岳地帯に雲が見つかると、飛行機からドライアイスをまいて雪を降らす"人工降雪実験"が始められた。

「温室効果ガスの増加」

　二酸化炭素が地球温暖化との関係で語られるのは 1970 年代である。1988 年、国連にIPCC（気候変動に関する政府間パネル）が組織され、ほぼ 5 年毎に出される報告書が事態の深刻さを明らかにすると、世界が関心を持つようになった。それほど変化は急激であった。温室効果ガスは二酸化炭素以外にメタン、亜酸化窒素（一酸化二窒素）、フロン類があり[注1]、これら全ての増加に人間活動が関係した。なお最も大量に存在する温室効果ガスは水蒸気で、全体の 70％～90％を占める[注2]。

　地球温暖化による打撃を回避するため、「今世紀中頃の平均気温上昇を産業革命前に比べ 2℃以内に抑える」のを世界の共通認識として目標にしている。2009 年にオランダで開かれた気候変動枠組み条約第 15 回締結国会議（COP15）の合意内容も同様のものであった。二酸化炭素排出量を毎年 3％の割合で削減しなければならないが、2010 年、国連環境計画は「各国の削

（注 1：二酸化炭素の温暖化係数を 1 とすると、メタン 23、亜酸化窒素 296、フロン類 120～22,000 で水蒸気も二酸化炭素に近い。なお亜酸化窒素の主な発生源は窒素肥料と化学工場である）
（注 2：水蒸気の温暖化寄与率は全体の 60％～90％である。残りがその他の温室効果ガスによることになり、二酸化炭素を元凶とする IPCC の地球温暖化予測は根拠を失う可能性がある）

減計画で 2℃以内に抑えることは困難」と報告した。地球温暖化は人類の未来を左右する大きな課題で、排出削減は待ったなしである。許される上昇分は 1.2℃余りに過ぎず、全ての温室効果ガスが増えている現状を見ると解決のために許された時間はきわめて短い。

　IPCC は温暖化への寄与度を二酸化炭素 63%、メタン 18%、亜酸化窒素 6%とし、いずれもほぼ同じ割合で増加した。これら以外にも強力なフロン類が冷蔵庫とクーラーで使われ、そのうえ水蒸気も多くなる。長期予測は難しいが、気象庁は今世紀末で 2.5℃、東大気象システム研究センターと環境研究所の合同チームは 4℃、IPPC は 1.8〜4℃気温が上がると予測するなど、多くの科学者は「前世紀の 2 倍以上の速さで上昇」と考える。これらも全ての温室効果ガスを考慮すると控えめな予想値である。

　産業革命まで二酸化炭素の濃度は 270ppm 前後であったが、1960 年代から増加が急激になり、世界気象機関は毎年"過去最高の数字"と言い続け、2008 年に 390ppm を越えた。だが最終濃度とその時期は誰も予測できない。年間排出量は 1 人平均 4t 弱、ところが日本、ロシア、EU は 10t 前後、アメリカは 20t を越え、ピュー気候変動研究センターは「産業革命以降、二酸化炭素が原因で起こった温度上昇の 77%は先進国の責任」と指摘する。

　大気中濃度は春から下がり、秋から上がる周年周期があり、差は約 10ppm である。ただ植物は 1 を吸収、1 を放出することで総量は減らない。唯一できることが地下に眠る炭素を地表に出さないことである。化石燃料を使うことで年 66 億 t 発生（炭素換算）し、うち 34 億 t が大気に残る。太古に存在した二酸化炭素が加わることで毎年 2ppm の割合で増加し、寿命は 180 年と長いことから 21 世紀半ばで 460ppm を越える。ただ最近の増加率は一段と大きくなり、より高いレベルが予想される。

　インドネシアでは原生林を燃やして焼き畑を作り、アブラヤシを栽培する。焼き畑の煙が対岸のシンガポールとマレーシア、タイ上空を覆う規模である。森林を燃やして二酸化炭素を放出、森林をなくして吸収を妨げと二重の問題

がある。ところがアブラヤシから採れるパームオイルは環境にやさしいとして生産が急増中、何とも皮肉である。また、日本は材木貿易量の 7％を使うことで森林破壊に手を貸す。

　地球温暖化によって北極圏で大変なことが始まった。二酸化炭素とメタンの大量発生である。人類が二酸化炭素を増やしたことで温暖化し、新たな二酸化炭素が発生し、次にメタンも増やすことになった。

　氷河と雪原は太陽光を反射することで保たれていた。ところが温暖化により気温が 0℃をわずかに越え、広い場所で地面が現れた。地表が熱を吸収し、気温の上昇は 2〜4℃と激しい。アラスカで 2004 年の火災により四国と等しい森林がなくなり、シベリアでも 1998 年から 2005 年までで 5,000 万 ha が焼失した。そのとき大量の二酸化炭素が発生したが、その後、焼け跡で腐敗が始まり二酸化炭素の発生が続いた。腐敗では炎は見えず、煙も出ないため"冷たい燃焼"と言われるが、二酸化炭素発生量は化石燃料の半分に相当した。これは凍土に眠っていた二酸化炭素で、地球温暖化がなければ永久に眠り続けたものである。

　北極圏の海底と凍土にメタン・ハイドレート（氷が閉じこめた状態）が眠り、海水温と地温が上昇すれば大気中に放出される。また、先に述べたように焼け跡で微生物の働きが活発になる。有機物を分解すると水素が発生、これをメタンに変える微生物がいる（メタン生成菌）。この理由でシベリアとアラスカでメタンも二酸化炭素と一緒に出ることになった。アマゾンと東南アジアの焼け跡でも同様である。いま使う天然ガスは太古に微生物が作ったメタンである。現在天然ガスの埋蔵量は 156 兆m^3で、世界の消費量にして 60 年分となる。

「食生活と二酸化炭素」

　食料輸送で使う石油の増加も著しい。江戸時代では「四里四方に病なし」と言われ、食料は生産地から食卓まで近いほどよいとした。地産地消、

ムダなエネルギーを使わない社会である。このような生活が終わり、大量の食料を遠くから運ぶ時代になると輸送で使うエネルギーも膨大になり、1994年、消費者活動家ティム・ラングは距離が長く、量が多いと環境への負荷が大きいとして"フードマイレージ（食料輸送距離）"を提唱した。わかりやすい地産地消、国産国消の勧めであった。ただ最初、海上運送のみを対象としたため不十分と批判された。

フードマイレージは1tを1km運ぶ単位とし、二酸化炭素排出量はジェット機で1.5kg、自動車で200g、船で40g、鉄道で20g程度である。農水省は年9,000億単位とし、その80%を穀類（小麦、トウモロコシ）と大豆が占める。1人当たり8,000単位と日本が最も多い。ちなみにイギリスは3,000単位、フランスとドイツは2,000単位である。日本の船舶は輸入する原油の1%を食料貿易で消費し、2007年、原油の高騰で輸送費がかさみ、食料価格の値上げの原因になった。

国内の輸送で使うトラックは食料貿易の半分の二酸化炭素を排出する。また、アメリカ産トウモロコシは鉄道や小型船舶で積み出し港に集められ、大型船で日本に送られるが、到着価格の40%余りが輸送費である。外国産が国内産と同じ値段でも輸送で排出する二酸化炭素量は格段に違う。

ただ船舶といえども排出量は多く、国際海運全体では年間8.7億tと世界における全排出量の約3%である。今のところ削減対象にされていないが、二酸化炭素排出税（炭素税や環境税）が導入されると制約を受けるだろう。それほど遠くない将来、食料輸送が困難になると予想することは妄想でない。モーダル・シフト（modal shift）は輸送手段を環境汚染物質の低発生型に代えることを言い、ドイツは高速道路で大型トラックを有料化、その一部を使って鉄道整備を始めた。

一方、輸送内容が変わったことで増えた石油がある。電力の70%は化石燃料を使って発電されるのだが、冷凍食品は零下30～50℃で凍結され、電力消費はとても多い。急速に凍結しないと品質が保てないことからエネルギ

ー効率は二の次である。ここから家庭の冷凍庫に入るまでコールドチェーンで結ばれ、凍結状態で運ばれる。中国製餃子で見られるように海外で作られる冷凍食品は冷凍コンテナーで運ばれる。マグロの品質は零下 60℃にすることで保たれる。冷蔵食品でも同様なことが行われ、スーパーのショーケースを見れば誰でも効率の悪さがわかるだろう。いずれも食生活の変化がもたらした石油の増加であるが、減少する方向にない。

　化石燃料は有限の資源で今の人だけのものでない。大切に使うことがムダに使わないこととなり、二酸化炭素排出削減が持つ本当の意味である。

地球温暖化で変わる農業と漁業

「耕地がなくなる？」

　前項でも触れたが、地球温暖化によって雨の降り方も変わる。農業の大半は雨水を使い、降り方にあわせて栽培する種類の作物が選ばれた。稲作でも地域で異なり、全国共通のやり方は存在しない。適地適作は適雨適温であり、世界で作物生産地と種類が異なる理由の一つである。日本では十分な水が得られない場所が畑にされ、雨水に頼る農業が行われる。適期に適量の雨でなくなると農業で困った事態が生じる。総雨量が増えても農業にプラスを意味しない。また、気温が上昇することで適地が移動することになる。

　日本では 1ha 当たり年 2 万 t 近い雨が降るが、稲作には 4～8 月までで 3 万 t 必要である。そこで先人は用水路を掘って遠くから運び、ため池を作り、水田で貯めることで解決した。水の流れに沿って水田を作り、上から順に満たす仕組みを作った。それでも取水を厳しく管理しなければならず、上流と下流で対立を生み、過去には水争いで死者が出た。

　かつては山から下る水を使ったが、今は川から揚水、せき止め配水する灌漑が一般的である。ところが雪が雨に変わる、降雪量が減る、空梅雨(からつゆ)が起こったりすると水量の減少で取水困難になる。日本の河川は大きな高低差があり、距離も短く貯水能力は著しく低い。備えは農業用ダムとなるが、用地で制約を受け、建設しても土砂の堆積で使用できる期間は短い。

　植木鉢でアジサイを育てた経験者であればお分かりいただけると思うが、アジサイは葉を下に向ける（萎(しお)れる）ことで水不足を訴え、栽培者は水やりが日課になる。この現象は程度の違いはあっても植物に共通することである。

　作物の乾物 1g 生産するのに必要な水は 200～400g と言われる。根から肥料分を溶かした水を吸い上げ、葉で水を蒸散させることで生きる。気温が高くなるほど蒸散は激しくなり、より多くの水を吸収する必要に迫られる。こ

の活動があることで、植物は土壌を乾燥させる作用を持っている。温暖化すると地表からの蒸発によって土壌は乾燥し、さらに植物が土中の水分を奪うことで乾燥を加速させる。これが温暖化によって農業適地が不適地に変わる機構である。

　穀物の可食部を 1 とした場合、トウモロコシで 2,000 倍、小麦と大豆で 3,200〜3,400 倍、コメで 5,100 倍の水を必要とする。アメリカでトウモロコシは小麦の単収より 2.6 倍高く、総生産量は小麦の 3.4 倍あり、9 倍の水を使う。当然増収に応じた水を消費することになるが、水不足となってF_1作物が廃れた原因になった。優れた作物に改良しても、水が不足すればその能力を発揮しないのである。小麦とトウモロコシは天候に恵まれても 10〜20％の増収であるが、干ばつになると大減収となる。日本では冷害と長雨による不作が多いが、世界では高温と干ばつが不作の原因である。

　日本が輸入する農産物と畜産物の生産に使われる水は 1,000 億 t 以上と言われ、国内で使う農業用水の 2 倍である。このことから食料輸入できる条件は、相手国の水が十分でなければならないことになる。オーストラリアの干ばつを見ればよい、アメリカの雨と地下水不足は日本の危機でもある。雨の間隔が広くなると単収の低い種類の作物に変える必要が生じる。

　一ヶ月雨が降り続くと作物は腐り、日照不足でイネは育たない。一方、一ヶ月雨が降らなければ多くは枯れる。適度の間隔が必要であるが、雨季と乾季があるように雨は降る時期に偏りがある。年間降水量の多い少ないは参考にならず、世界を見ると満足する農業適地は少ない。地球温暖化で穀物生産地は北に広がり、新しい耕地が出現するように思えるが、多くの所は水がない。現在の農産物主産地は乾燥化によって生産力が下がり、差し引きすれば耕地面積は減る。オーストラリア、中国東北部、ヨーロッパを含むユーラシア大陸、アメリカ中央部は有数の穀倉地帯で内陸に位置する。これらの地域で乾燥化が進むとされ、減収が予想される。地球温暖化は恵みの雨を農業に適さない雨に変え、生産基盤を破壊する。

世界では各地で豪雨が増えている。毎時 50mm を越える雨は地面を激しくたたいて地面に穴を開け、土を流し、その結果が濁流である。アメリカでは 1ha 当たり年 20t の土が失われ、表土をなくして不毛になった畑を各地で見ることができる。表土流出はヨーロッパで 10t、日本で 1〜2t とされ、畑で起こりやすく、地球温暖化はこのように豪雨を増やし農業を不可能に近づける。

2007 年、地域的な異常気象によって 1 年間で穀物取引価格が 2〜3 倍になったことを経験した。地球温暖化は真綿で首を絞めるようにゆっくりだが着実に地球規模で食料生産を悪化させ、人類にもたらす結果を想像すると恐ろしい。

「北海道が稲作適地？」

二酸化炭素濃度が高くなると作物の生産性が上がり、濃度を 2 倍にするとイネは田植え 2 ヶ月後まで 30%光合成が盛んになるという（その後、差がなくなる）。ただこれは実験室で十分な水と養分を与えて調べたもので、条件が違う野外で同じ結果は得られないだろう。ちなみに 200ppm 高めて行った野外実験では 14%光合成が増したが、収量は予想ほど増えなかったと言う。実際は以下のことから稲作は難しくなるとしなければならない。

稲作地方では昔から"豪雪の年は豊作"と言われる。春先に田を耕し、次に水を入れて土と混ぜる（代掻き）。底に泥が沈んで水漏れを防ぐのだが、水が不足すると水田を作れない。田植えした後、水が少ないと雑草が生え、苗の生育が悪い。この時期までで使われる大半は雪解け水、つまり豪雪の年は水不足の心配がないのである。春先に降る雨を"穀雨"といい、百穀を潤す意味がある。農作業開始の合図にもなるが、穀雨が少なくて田植えが遅れると、次に述べる高温障害によって収量が減る。

その後、稲は梅雨が供給する水で育つ。ところが夏になると雨が少なくなり、乾燥して水田にヒビが入ると水漏れで貯まらない。そこで雨を待つ。夏

の異常低温と高温には水の管理で対処する以外になく、水が少ないと無防備となる。盆踊りの起源は"雨ごい行事"と言われ、この時期の雨の大切さを教え、"慈雨"と天に感謝する。

このように稲作は通年の雨の降り方と関係して成り立ち、雨によって田植え前から実りまで確保されてきた。どの時期であっても雨不足は収穫に影響する。これとは別に台風が通過した後、しばしば目にすることにイネの倒伏がある。一度倒れると再び立ち上がることはない。野生種と違い、穂が水に浸かると発芽し、食用にならないコメになる。

昔は"土用3日晴れれば不作なし"と言われたが、これからは豊作を意味しない。夏場、平均気温が1～2℃高くなるとコメどころの大部分で減収になるからで、増収を期待できるのは東北地方と北海道のみと言われる。穂が出たころ、35℃を越えると受精障害で"死米"が出現、40℃を越えると全て死米になる。イネは受精後からデンプンの蓄積が始まる。ところが平均気温が27℃を越えると"白色不透明米（乳白米）"や"胴割れ米"になる。また、最低気温が23℃を越えるとコメに回る養分が減って白色不透明米になる。その後も回復せず、くず米となり、食べてもまずい。大半は精米すると米ヌカとして捨てられる。日本ではイネが実る時期、真夏日（猛暑日）と熱帯夜が続く。

このようなイネの高温障害は39都府県で見られ、中でも九州と北陸で多い。2006年、新潟産米の1等米比率は全国平均を下回り、その後、高温に強い"超コシヒカリ"の開発を始めた。また、佐賀平野ではコシヒカリの大半が3等米となった（整粒が45～60％。半分が死米と白色不透明米など）。中国地方以南は、田植えを早めても遅くしても高温障害を避けることが難しく、一部で"脱コメ"が始まった。

一方、現在は庄内平野でコシヒカリが栽培でき、北海道産米が人気銘柄である。これも温暖化によるもので、将来、東北、北海道が良質米の生産地になると言われる理由である（今は4年に一度、冷害が北海道を襲う）。高温

限度スレスレで行っている稲作が影響を受けやすく、飼料用イネにする、田植えを早める、長粒米に代える、あるいは高温に強いイネを作出しなければならないだろう。

　温暖化による減収は小麦、トウモロコシ、大豆にも当てはまり、平均気温が1℃高い年は収量が10%程度少ない。温暖化するほど葉から水の蒸発は盛んになることで日照りと乾燥に弱くなる。最初は葉の気孔を閉じて蒸発を減らすが、限界を越えると葉を下に向け、丸めて日光を避ける。このことで光合成が低下して収量が減る。ひどくなると葉を落とし、枯れることで収穫皆無となる。収量と水の要求量は正の関係があり、あらゆる作物で乾燥状態が続くと収量は低下する。水稲も同じであるが、日本では灌漑施設が整備され、水の中で育つため気付きにくい。

　"豪雪の年は豊作"は別の意味でも言われ、越冬中の成虫、昆虫の卵、サナギが死ぬことで被害が少ない。ところが暖冬や積雪が少ないと昆虫が越冬できる。江戸時代、イナゴは亨保の飢饉の原因になり、ウンカも大発生した。イネの害虫ニカメイガは年2回発生することに由来する。3回の発生は九州・四国・中国の一部であったが、地域が広がり、そして1回の地域で2回、0回の地域で1回の発生となる。また、カメムシはコメの汁を吸い、黒いシミを残す（味は変わらず無害）。千粒に数粒でも黒いシミが見つかるとコメの価格が安くされるので、生産者を神経質にさせる。最近、温暖化したことで南方系の害虫が加わり、中には農薬抵抗性を持つ種類がいるという。従来の防除技術と農薬は役に立たず、有効な手段が見つかるまで無防備となる。

　このように温暖化すると害虫の発生回数が増す。変温動物である昆虫は暑いほど活発に活動し繁殖も盛んで、活動時期は作物が育ち、実る時期と重なり、水田が広がってるので活動に困らない。移動性があり、爆発的に増えることで短期間に害を与え、被害から逃れることは容易でない。農薬散布の回数は多くなり、面積は広がる。また、日本は多湿であり、カビなどによる病気も多発する。イネは体力が弱まると病害虫に対する抵抗性をなくすことか

ら、温暖化しても体力の衰えない新しい品種が必要になる。

「海から魚が消える？」

　植物プランクトンが水面下の食物連鎖を支える原動力である。植物プランクトンを動物プランクトンが食べ、それを魚が食べ、魚を食べる魚がいることで豊かな海になる。イワシが減ればマグロも減る。川崎 健著「イワシと気候変動」によると、気象変動が左右する魚の増減サイクルがあり、プランクトンの増減と関係するという。海の温暖化を示す象徴的な出来事がサンゴ礁(しょう)の白化現象である。世界では3分の1が危機と言われ、30℃を越えて褐虫藻がいなくなるとサンゴ虫が死んだ。サンゴ礁がなくなると小魚が住めず、これを餌とした魚も姿を消し、砂漠化した海になった。

　世界の好漁場は寒流と暖流が混ざり合う海域で、海全体の10％程度、例外なくプランクトンが多い場所である。日本近海を暖流と寒流が複雑に交錯し、世界有数の漁場である。南の海は高い透明度がプランクトンの少なさを示し、豊かな漁場の数は少ない。世界一透明な摩周湖は極貧栄養湖で魚が暮らせず、諏訪湖で浄化が進むとワカサギ、アユ、エビが減るなど、「水清ければ魚棲(す)まず」の一面がある。針葉樹を植林し判明したのが、広葉樹の森が海産資源を豊かにするということである。知床沖では春先に溶ける流氷でプランクトンが大発生し、海産資源を豊かにすることでオオワシ、オジロワシを呼び寄せ、サケを育てヒグマの生活を支える。しかし流氷が40％減って、かつての自然の仕組みが保てなくなった。

　地球温暖化は海の生物社会にも影響し、植物プランクトンを減らすことで豊かな海から生態系に好ましくない海に変える。アメリカ海洋大気局の調査によると、プランクトンの減少は海面水温の上昇と同時に起こるという。また、海水温の上昇で海水の蒸発が盛んになる。海でも降水量が増え、淡水は比重が軽いため海面を被い、南極と北極では氷山の溶解で淡水の表面が広がる。

植物プランクトンは窒素とリン[注1]、微量要素を使って増殖する。光合成で二酸化炭素を吸収し酸素を出し、魚もこの酸素を利用する[注2]。植物プランクトンが生まれ、生活する場所は日光が届く範囲である。そこに養分がなければならないが、養分は深層水に多いという偏りがある。暖かい表層水と淡水は深層水の上昇を妨げる。ペルー沖では表層水が1〜2℃高くなったことでカタクチイワシ、南極では氷山の流出でオキアミが激減した。このような状態が世界の海で起こると影響が大きい。プランクトンに悪影響する気象変動は海に危機をもたらす。

日本で獲れるサンマは年間20万t台と安定した収穫量であるが、小型化が進んだ。春に北上を始め、夏が終わるまでオホーツクなど北の海で暮らし、水温が下がる秋に南下、北方四島沖で漁が始まる。北の海では通常であれば冬に表面が冷やされて沈み、代わりに養分に富む海水が湧き上がる。ところが海の温暖化で循環が乱れ、プランクトンが増えない。餌の減少が小型化に関係し、卵巣と精巣の発達が悪くなり資源の回復にとってマイナス、漁獲量の減少に結び付いたことは容易に想像できるだろう。

エチゼンクラゲは春に中国近海で誕生し、成長すると直径2m、重さ200kgになる（1920年、福井県沖で見つかって命名された）。これまで日本海での大量出現は数10年に1回程度であったのが、2002年以降ほぼ毎年現れ、最近では津軽海峡を越えて太平洋でも見られる。エチゼンクラゲが生存に適する海水温（1.2〜1.7℃上昇）になり、海の生態機能が劣化したからと言われる。エチゼンクラゲは大量のプランクトンを食べることで魚から餌を奪い、稚魚と魚の卵を食べることで魚資源を減らす。魚網を破り、定置網は撤去を迫られる。網に入った魚を傷つけて商品価値を失わせ、漁期でも休漁

（注1：海水にカリは多い。排水に含まれる窒素とリンが多いと植物プランクトンが異常発生し"赤潮"となる）

（注2：20℃で二酸化炭素は酸素より約28倍多く溶け、空気中の酸素は溶け込みにくい）

を強いられる。将来、大量に現れることになり漁業資源に大きな影響を与えるだろう。

　魚にとって水温1℃の上昇は陸上動物が経験する気温上昇10℃以上に相当すると言われ、魚は自らが好む水温を変えないため（変えられないため）、海水温が変わると捕れる魚種が変わる。体内に存在する不飽和脂肪酸の組成で生存に適する水温が決まり、従って生活場所で制約を受ける。好漁場は北の海に多く、冷たい海域が狭くなれば漁獲量は減少する。地球温暖化は魚を減らし、これに無秩序な漁業が続くと北の海産資源は全滅することになる。

　マイワシとカタクチイワシは同じ海域にいるが、常磐沖でマイワシは不漁、カタクチイワシは豊漁が続く。マイワシの適温は16℃前後、カタクチイワシは20℃前後、ここ数年海水温が1～2℃高いことが関係したようである。タラは冷たい海を好む。これまでノルウェー沿岸やベーリング海が漁場であったが、バレンツ海、ベーリング海でも北部へ移った。かつての漁場で海水温が2℃上がり、冷水を好むプランクトンを追いかけるように北上した。この領域での漁獲量は10分の1になったが、それは生息域が狭くなったからである。北海道沖でもタラが減った。かつては豊富に捕れたことで蒲鉾（かまぼこ）が作れたが、今では風前の灯火（ともしび）である。また、日本海では1990年を前後して暖水性の魚（マグロやブリ、スルメイカなど）が増え、東シナ海にいたサワラが青森でも捕れるようになった。

　2009年のCOP15で「海水に溶け込む二酸化炭素が増え、海中の生物が対応できない速さで世界の海が酸性化している」と報告された。日本近海でも酸性化が進みつつあることを気象庁も観測している。地球温暖化はプランクトンに好ましい環境を壊し、海で生きる全ての生物を危うくする。

第3部

日本で主食を生みだす方策

コメで生活した日本

「なぜコメなのだろう」

　イネは縄文時代に中国の長江流域から伝えられた。短期間で本州北端まで広まり、弥生時代に水田で栽培が始まると安定した単収が得られた[注1]。同じ場所で栽培できたことで定住化が進み、雨にも恵まれ、日本は「豊葦原の千五百秋の瑞穂の国(ちいほあき みずほ)」となった。勿論、日本の水が軟水で炊飯に適したことも大きい。一緒に伝えられた小麦は気候に合わず、ヒエやアワは収量が少なかった。ジャガイモは16世紀末、サツマイモは江戸時代の伝来とコメ以外の作物の選択肢はなく、その後においても代わるものはなかった。

　時代が下って中世に入ると、日本に武家社会が誕生した。武家社会における主従の関係は御恩と奉公で成り立ち、恩賞地（水田）を介しピラミッド社会が作られた。秀吉は恩賞地を朝鮮半島に求めたが（朝鮮出兵）、家康は十分なコメがあれば恩賞地の問題を解決できるとして新田開発を進めた。このようにして武士が"士農工商"と身分制度を設けて農民を支配し、コメで成り立つ社会を作った。

　水田の面積は江戸初期は160万haだったのが江戸末期には300万ha、10a当たり150kgも200kgの収穫になり、人口も1,200万人が3,500万人になった。コメが食の中心であったことを示す事実であり、ヨーロッパでは1人生活する分の耕地面積で15人を養うなど、水田とイネの組み合わせは驚異的であった。1日分のコメを生産する面積の単位が1坪（約3.3m²）とされ、

（注1：水稲と陸稲があり、日本では水稲が選択された。陸稲は水田で育たず畑で栽培しなければならないが、連作すると厭地現象(いやち)（連作障害）が起きて収量は極端に減る。ところが水稲を水田で栽培すると連作障害が起きず、安定した収穫が得られる。雨水が野山を下るあいだに微量要素を溶かし水田に供給するという、驚くべき自然の恵みがあったからである。一方、灌漑すると発生する塩害は、大量の水が洗い流すため水田で起こりにくい）

1反（約 10a）からの 1石（約 143kg）で 1 年を暮らした。昔は家族の頭数が多かったことから"五反百姓（生計が立てられないほど小規模な農家）"となったが、"朝は朝星、夜は夜星（朝は夜明け前から、夜は日暮れまで精を出してみっちり働くこと）"と手間がかかり、広い面積を耕作するのは無理であった。この小規模稲作が現代にまで引き継がれた。

　税率は"五公五民（収穫の半分を年貢として納め、残りの半分を農民のものとする。つまり 50%）"であり、明治になっても変わらなかった。ただ地租改正で物納から金納になり、地価が基準で税額が決まり、豊作不作と無関係に一定とされた。納税のために借金することになり、返済できずに水田を手放し、多くの農民は小作人となって小作地を耕すことになった。

　元禄〜享保年間、江戸の商人が始めたコメを白米にする食べ方が歴史を変えた。これをきっかけに"江戸わずらい（脚気）"があらわれた。明治時代、軍隊では銀シャリ（白米）を腹いっぱい食べることができ、これを理由に入隊した人がいたという。それほどコメを美味しくする食べ方であった。江戸屋敷に詰めた藩士と軍隊経験者が地元に伝えたとされ、全国で一般化する大正から昭和初期まで今の 3 倍白米を食べた。

　1918 年（大正 7 年）、富山県魚津で始まった"コメ騒動"はたちまち全国に広まり、軍隊が鎮圧、寺内内閣が退陣させられ政界を驚かせた。コメの不足分を台湾と朝鮮半島に求め、1918 年から 1943 年まで年 100 万〜200 万トン移入したが（政府は輸入といわなかった）質が劣ったためであろう、「外地米はまずい」となった。これを国民が口にしたのである。太平洋戦争が始まると移入が困難になり、1943 年、食料管理法（食管法）が食料の増産と公平に分配する目的で制定された。ところが政府は脚気対策と節米の目的で"七分つき米"を法定米にしたことで、国民全員がまずいコメを食べることになった[注2]。

　敗戦の年は昭和期最大の不作、そのうえ 660 万人の軍人・軍属、民間人が戦地から帰国した。7200 万人に約束通りの配給はできず（2 合 3 勺を 2 合 1

勺に減配)、国民の70％が1日に1度しかコメを口にできなかった。敗戦直後（10〜12月）、アメリカの調査団が都市部で行った調査によると、関心事として85％が「食料不足」で、「戦争中に比べ食料事情がよい」と答えたのは9％である。配給では絶対量が足りず、"遅配"と"欠配"が続き、多くは栄養不足で餓死寸前であった。翌年5月、皇居前広場で開かれた"米飯獲得人民大会"に25万人が集まった。食管制度が機能したことで開戦から10数年、全ての人がコメ不足とまずいコメを経験し、"銀シャリを腹いっぱい食べること"が強い願望となった。

　この体験がトラウマとなり、政府はコメを食料難解決の戦略作物とした（サツマイモは代役とならなかった）。コメの増産が絶対課題となり、敗戦後ただちに農地解放を断行、コメ農政を始めた。政府買い入れ価格と売り渡し価格の逆ざやで食料管理特別会計は赤字、一般会計からの繰り入れで帳尻を合わせた。1960年代前半には完全自給達成、後半にコメ余りとなったが、"一俵は一票、水田は票田"と政治家は稲作農家が困ることには手を付けなかった。

「コメの管理と消費不振」

　食管法のもとでは米価の決定は政府の役目である。米価審議会は生産費、作柄、労働費、物価上昇などを考慮し、生活費補てんの意味合いの強い米価を答申した。米価が決まる時期の秋になると国会周辺は関係者であふれ、国会議員と歩調を合わせて圧力をかけ、政治家トップが決める"政治米価"であった。この価格で政府が全量買いあげるからである。戦後しばらく列車内で経済警察による手荷物検査があり、庶民が手に入れたコメも処罰対象で没収された。ヤミ米があると配給制が崩れ、価格を一定にすることもできず、

　　（注2：七分つき米は玄米から7分（7％）、白米は1割（10％）を米ヌカとして除く。七分つき米の味は落ちるが、ビタミンB_1の60％が残り、脚気に効果がある）。

ヤミ取引を許さない政策が採られた。勿論、米価闘争は増産が求められる状態で出来たことである。

　ところが1967年から豊作が続き、1970年に余剰米が720万tに達した。余剰米は管理不能になり、減反政策（稲作転換対策）で生産を減らす事態になった。米価は市場にまかせ、一部を政府が決めることにした。自主流通米と標準価格米の誕生である。これに翻弄されたのが大潟村であろう。1957年、コメ不足の解消と大規模稲作農家の育成を目指して八郎潟の干拓が始められ、1964年に入植が始まったが、稲作でしか生きられない農家に減反を強制したのである（半数が減反に参加しなかったが）。

　さらに「コメ一粒も輸入しない」と明言した細川政権が、1993年、毎年一定量の輸入を約束した。アメリカの圧力があり、カリフォルニア米を買える国は日本以外になかったのである。タイ産は1t 4万円台、アメリカ産は7万円台、関税として平均34万円（税率778%）が加わる。関税に関してWTOで合意されていることは、世界の平均価格を基準にする、高税率ほど大幅な引き下げで、上限税率100%が検討されている。将来、税率が下がり、価格差が広がって国産米に影響する。カリフォルニア米は品質で国産米に劣らない[注]。2008年、事故米の不正流用の反省から生産国を表示することになり、"アメリカ産あきたこまち"が店頭に並ぶ日も近いだろう。

　しかし1人当たりのコメの年間消費量は60kgを割り（2008年）、消費不振が止まらない。2003年の不作では消費者は低価格米を選び、混乱もなかった。2004年、年7回の入札でも新米が売れ残り、東北や関東産コシヒカリも安値になった。コメの低価格化に危機感を持った全農秋田は不正な方法で価格操作した。価格低下は銘柄米でも見られ、新潟産コシヒカリは30%高でも完売できたが、2006年、初めて売れ残り、翌年、価格維持のため減

　　（注：日本人移民がサクラメント近郊で始めた稲作がルーツで、ジャポニカ種である。年30万t余りを輸入するが、専門家によると60万t程度の輸出が可能という。ただ大量の水を使用することで稲作に反対する意見がある）

産したが下落は続いた。一方、これまで"やっかいどう米"と言われた北海道産米が、外食産業に好評でコメ業者は取扱量を増やし、北海道米ブランドであるゆめぴりか、ななつぼし、きらら397を選んだ。

政府は改正食料法で一律減反政策の廃止、売れ残りがでた生産地で減反強化を決めた。そこで美味しいコメで生き残りを図る地域がでた。しかし、そこには落とし穴がある。

コシヒカリは美味しさで脚光を浴び、1979年から栽培面積が1位である。2位以下のひとめぼれ、あきたこまち、ヒノヒカリもコシヒカリの親類である。コシヒカリは"いもち病"に弱く、新潟県は抵抗性のある"コシヒカリBL"に代えたところ農薬使用量が大幅に減り、それまで防除が大変であったことを示した。コシヒカリでいもち病が大発生すれば、ひとめぼれ、あきたこまち、ヒノヒカリでも大発生、コメ全滅の危機となる。農薬を使っても完全防除は難しい。

同じ品種は同じ時期に開花する。一つの花で午前の数時間、全体として1週間程度かかり、このとき低温や長雨であると受粉できない。2003年の冷害でコシヒカリは291万tと平年より約40万t少なかった。平成の大凶作で全滅したササニシキが低温に弱いことを生産者は知っていた。寒冷対策に水管理があり、高齢で管理できなかった農家や水田を見回る時間のない兼業農家の存在などと農業の現状を教える出来事でもあった。美味しいコメを求めると、このようなことが起こりやすい。

「それでもコメが頼り」

「コメが日本農業を守る」は消費が伴わないと言えないことである。コメの消費減退が言われて久しく、全国農業協同組合中央会が消費者約1,000人にコメ価格についてアンケートしたところ「適当」50％、「高い」33％、「安い」6％という回答であった。ちなみに茶碗一杯20～30円、農家の取り分は10～15円である。

米価は産地、銘柄、品質で異なる。全国平均では10a当たりの出荷代金は11万円、一戸当たりの水田面積は1.2haであるから総収入は130万円程度、これから生産費90万円を除くと所得は40万円程度となる。銘柄米でも170万円程度である。ただ3分の1が休耕のためこの通りでないが。

　農水省が2007年産米について計算したコメ農家の時給は179円、このような所得で稲作に励む生産者を知って何を感じるだろう。1人のコメの年間消費量は60kgに満たず、購入費は2万円台と食費支出の4%以下、銘柄米でなければ1万円台である。これでもまだ高いと言うのだろうか、むしろ安いと言えるだろう。"需要が少なくなれば、価格は下がる"、これは経済の原則であるが、米価の下落が稲作農家の活力をそぎ、食料安保を危うくした事実を忘れてならない。

　輸入米の価格と比較され、国産米は2～4倍高いと聞くと多くの人は驚く。だがカリフォルニア産米は茶碗1杯約10円、半値以下といっても驚くほどの価格差でなく、食べたとしても年間のコメ購入費1万円台後半が前半になるに過ぎず、中国産米であれば差額は数千円である。価格差はあるが、年間1万円程度の食費減で生活が楽になるだろうか？割高と言われる国産米でも生活苦をもたらすほどでなく、安定供給に対する安心料として受け入れ可能な範囲にある。長粒米はとても安価であるが、ご飯として食べる人は少なく、食料安保に寄与しない。

　これまでコメが不足すると騒動が起き、平成の米騒動では20%の減収で米価は2倍になった。消費者が急いで買い求めたからで、そこから見えてくることがコメに対する異常なほどの信頼感の高さである。安定した価格で供給することがコメに求められた使命で、野菜や果物が2倍になっても騒動は起きない。

　農業総産出額8兆3,000億円の中でコメは2兆円に過ぎず、野菜と果樹の2兆8,000億円、畜産の2兆5,000億円などと比べて少なく、一方、農家の数は稲作農家140万戸に対し、野菜と果樹農家71万戸、畜産農家4万戸で

ある（2006 年）。野菜と果樹農家一戸当たりの産出額は稲作農家の 3 倍と高く、経営規模を広げる意欲も強く、輸出も増え、新しい日本農業の担い手とされる。そのことは評価しなければならないが、それでも食料安保の観点からコメの重要性は変わらない。

　健康を保つためには栄養に過不足があってはならず、炭水化物とタンパク質は基準を下回ることは許されない。今は 1 日にコメ 170g 食べ 600kcal、一方、野菜 250g で 75kcal、果物 110g で 66kcal のカロリーであり、野菜と果物で腹はふくれない。タンパク質はコメと比べ無視される量である。野菜と果物に求めるものはミネラルとビタミン、食物繊維、それに食の豊かさであり、食料安保でコメと同等に扱えない。また、野菜は生活必需品と言えるが、年に数回も収穫できることで収益を高めることができる。余裕のある人は高い果物でも買うだろうが必需品と言えない。一方、コメは必需品であっても年 1 回の収穫、むやみに高くできない制約がある。これが産出額等に差のでる理由であり、収益性は食料安保と無関係である。

　一部から食料事情を総合食料自給率（金額ベース）に変更したいとする声を聞く。総合食料自給率は今でも 65％を越え、国民に不安な印象を与えないからだが、総合食料自給率が意味を持つのはカロリーとタンパク質を国内で必要量を供給できる場合である。使われてきた自給率が総合食料自給率に変更して高くなったところで、実体は何も変わらない。高い単収は水稲と水田の組み合わせ以外にないのである。コメはカロリー供給源として役割を果たし、全員が 1 日茶碗 1 杯余計に食べると食料自給率は 8～10 ポイント上がるなど、国内でまかなえる作物の代表品目であり、大切にしなければならないことは明らかで、安定供給と価格面で十分頼りになる。

牛は神の贈り物

「草で生きる牛」

　ここから食料自給率を牛で改善する方策を述べるが、その前に牛の動物としての特徴を知ると理解しやすいと思われる。最初に、牛が人間にとって大切な家畜になった理由を明らかにする。歯、反芻（はんすう）、胃などを見ると牛は草で生きるのに特化した動物と言える。年間を通して乳を供給できる動物は牛以外にいない。

　今から 8,000 年前、メソポタミアで畑を耕す道具として牛は既に飼われていた。古墳時代、日本に連れてこられた時も役用としてで、人と荷物を運んだ。その後は田畑を耕した。ところが役目を終えたあとも祖先は牛を増やし続け、総体重でいえば人類の 2 倍となり、人間の生活に役立つ家畜であったことを雄弁に物語る。今では世界で 13 億 8,000 万頭（5 人に 1 頭）が、耕地の 2 倍を越える牧場・牧草地で草を乳と肉に変える。草のある場所に放置すれば食料が自然に生まれるのである。

　牛肉を食することは西洋文明における地位の高さを説明する根拠にもなり、明治初期、岩倉具視欧米使節団は「西洋ハ肉食ノ俗ニテ、獣肉ハ日本ノ稲米ニ比ス」と驚きを隠さない。明治政府があらゆる種類の牛を欧米から導入する背景にもなった。

　牛の上顎（うわあご）には前歯（門歯）6 本と糸切り歯（切歯）2 本がなく、上顎 12 本、下顎 20 本である。前歯はかみつき、かみ切る、糸切り歯はとどめを刺す、切り裂く役割がある。ところが上顎は歯茎（はぐき）で、かみつく、切り裂くができない。動物を襲うことや肉を食べることができず、木の皮をはぐこともできず、草を食べる以外に生きられない。

　また、餌でも人と競合しなかったことが幸いした。人が食べることのできない、従って利用価値がない草が主食であった。牛と人は草原で暮らすこと

になったが、敵がいる場所では子牛と老いた牛が天敵の標的にされやすい。母牛は子牛を安全な場所に残して日中は草原で過ごす習性から、搾乳は朝と晩で十分であった。草原では群れで行動することで老いた牛も安心できた。一緒に飼うと争いをする動物は家畜にできないのだが、この点でも問題なかった。

牛は舌を草にまきつけて奥歯でかみ切り、短い草であると口先でひきちぎるという食べ方をするので、草が根元から数cm残る。牛が好んで食べるイネ科植物の成長点は根元にあり、植物が再び成長することを妨げず、草原にやさしい食べ方である。この点でも根元まで食べる羊や山羊と違っていた。ただ草丈(くさたけ)が数cmのみであると牛にとって食べ物がないことになるが。

人は下顎を左右に動かして食べるだろうか？反芻できるだろうか？草は硬くてかみ砕けないが、牛の臼歯は大きくて数も多く、歯並びの悪さと表面の凸凹が幸いし、下顎を左右に動かしてすりつぶす。

さらに胃から草を口に戻すことができ（反芻）、戻す途中で細かい草を胃に戻し、大きなものをかみ砕く。これを何回も繰り返す。草を胃に放りこみ、あとで反芻する習性があり、食後すぐ横になると"牛になる"と言われるワケは、座り込んで反芻する姿を目にしたからだろう。

人は稲わらを食べても消化できないが、牛は消化し、栄養に変える。牛には人に不可能な、草で生きられる仕組みがある。

「牛は肉食動物？」

牛はたくさん水を飲み、馬はいつも草を食べている。"牛飲馬食"はそれぞれの生態の違いを表し、草原で暮らしても生き方が違う。なぜ牛はたくさん水を飲むのだろう？どのようにして草で生きるのだろう？胃の構造と機能を知るとそのナゾが解ける。

牛の胃は4つに分かれ、口側から第一胃（反芻胃）、第二胃、第三胃、第四胃と呼ぶ。第一胃から第三胃までは消化酵素と塩酸を分泌しない胃で、草

を食べ始める頃から大きくなる。第四胃が人の胃に相当し、消化酵素と塩酸を分泌する。「たくさん水を飲む」という牛の生態の特徴が第一胃で見られ、成長すると200lにもなり、一度にバケツ一杯くらいの水を飲み、泌乳最盛期では1日50lにもなる。ここは微生物の生活場所で、"牛飲"の本当の理由は微生物のためであった。

　人の胃は塩酸を出すため、生息できるのはヘリコバクター・ピロリ（胃潰瘍と胃ガンの原因菌）のみである。ところが第一胃はほぼ中性で微生物の暮らしに支障なく、温度は適温、細かくされた草が水にひたり、微生物は容易に取り付ける。胃液1mlに細菌100億、原生動物100万、真菌10万など様々な微生物が暮らし、総数はこの10～20万倍と数の多さを想像できるだろう。これらがセルロースを消化し、酢酸、プロピオン酸などにする。これらは微生物が栄養を得た後の排泄物であるが、牛にとってブドウ糖に相当する栄養素で、必要カロリーの60%をここで微生物が作る。牛はセルロースを消化できないが、微生物が消化することで栄養源となる。

　人は尿素を尿中に捨てるが、牛は第一胃と唾液にも捨てる。驚くことに細菌は尿素をアミノ酸に変え、タンパク質にする。このように細菌は草を消化して必要な栄養素を作り、約30分で2倍になることで1時間に200兆以上の細菌が生まれる。あふれてしまいそうな数だが、消化された草と一緒に第二胃以下へ送られ、また、原生動物が細菌を食べるので一定である。

　この理由から牛の栄養学は可消化カロリーと粗タンパク質を決めるのみである。可消化カロリーとはセルロース、粗タンパク質とは尿素やアンモニアのように窒素を含む物質ならばよいという意味である。これらの栄養化は第一胃に住む微生物がすることで、牛が利用できない物質を栄養に変える。草の養分は第一胃で劇的に変えられ、小腸で効率よく消化吸収される。必須アミノ酸は欠かせないが、微生物（動物性タンパク質）を食べることで解決する。

　牛は微生物の助けを借りて生きる。草は仮の食べ物で本当は肉食、微生物

に食べ物（草）と住み家（第一胃）を与え、微生物から栄養を受けるため共生関係にあると言われる。

表2は乳牛が餌をエネルギーに利用する割合である。乳になる効率は肉より2.5倍高い。草にタンパク質は少ないが、乳タンパク質は1日最大1kgにもなる。牛乳を生産しない時期はゼロとなるが、約200gの肉タンパク質となる。大半は微生物タンパク質に由来し、第一胃で誕生する微生物

表2. 乳牛が草のエネルギーを利用する割合

牛乳	0〜25%
体組織	−10〜10%
尿	3〜5%
糞	30〜40%
体温発生	30〜50%
メタン	6〜10%

の多さを推測できるだろう。食べる草の量は微生物が消化する時間と関係し、質の良い草であれば多く食べる。しかしそれにも限界があり、たくさん牛乳を生産すると配合飼料で不足した栄養を補わなければならない。

「不思議な乳房」

牛の乳房には珍しい特徴があり、乳頭はあるが本物と言えず、かわりに乳腺槽がある。

人の乳頭（nipple）をストローで押し込み、空気を吹き込むと空間ができる。これが乳腺槽である。その後、周りから皮膚を延ばし、ストローを抜くと乳頭らしくなるが、偽の乳頭（teat）では、本当の乳頭に相当する部位は内側に隠れ外から見えない。牛は偽の乳頭にすることで乳腺槽ができ、珍しい特徴を備えたことで決定的な違いが生まれた。

牛乳は乳房で蓄えられ、排出時、乳腺槽に移動し（射乳）、次に乳頭（teat）から出る。射乳とは猛烈な勢いで移動することをいうが、牛は乳を乳腺槽で一時蓄えるため、搾る（搾乳）、吸う（吸乳）と出るので、搾乳はゆっくりでよい。乳房はバケツ2杯（約20kg）の乳を蓄える。後部に4つある乳頭は手でにぎりやすく、先の理由から機械で搾乳でき、朝と夕の2回

（時には3回）、時間は6分内外で終わる。ところが乳腺槽のない動物では乳頭（nipple）から噴出し（射乳）、持続時間は数分、それを過ぎると吸っても出ず、射乳の間隔は数時間毎である。乳腺槽のある動物と乳の出方が決定的に違い、乳腺槽のない動物が乳用家畜になった例はない。羊と山羊は乳腺槽を持つが、出産は早春に限られ乳は春しか得られない。ところが牛では出産時期をなくさせ、泌乳期間を10ヶ月以上に長期化させ（通常は3ヶ月程度）たことで乳を年中得られることになった。祖先の執念に感心するのみである。

　牛乳100ml当たりの栄養は炭水化物（乳糖）4.8g、タンパク質3.3g、脂肪3.8gを含み67kcal、脱脂乳では32kcalである。高タンパク低カロリーでダイエットに適し、ナトリウムが少なくカリウムが多いことで高血圧を防ぎ、カルシウムとリンが多いことで骨を健康にし、さらに痛風の原因物質プリン体を含まない。

　ところが飲用量はここ10数年1人1日コップ半分（100ml前後）である。消費拡大のためには"栄養に富む、健康によい"とだけアピールするのは無意味で、むしろ牛乳を"コップ1杯毎日食卓に置く"ように勧めるのが良いようである。牛乳を売る自販機は少数で販売量は清涼飲料と競争にならない。

　牛乳タンパク質の80%を占めるカゼインは、子牛の胃が分泌する消化酵素の作用を受けると固まり、これを細菌やカビで発酵させるとチーズになる。おおよそ2000年前に発明された保存食である（もっと古い？）。今も基本的な製法は変わらず、牛乳10〜15kgを使ってチーズ1kgを作る。人類が作った食品の中で最高傑作と言われ、種類は1,000を越える。ヨーロッパには地域固有のチーズがあり、相性の合うワインはそこで生まれ、チーズが名産ワインを育てたと言われる。1人の年間消費量はギリシャ28kg、フランス24kg、ドイツ21kg、イタリア20kg、一方、日本は2kg程度である。チーズは食生活を豊かにする食材で、タンパク質と脂肪は適当に分解されて消化されやすい。また、日本産食材による食事メニューでは栄養分として唯一カル

シウムが不足するが、チーズ一切れで補える。

　今は脂肪の摂り過ぎを嫌う風潮が世間にある。牛乳では神経質になる量でないが、うまくしたもので脂肪を物理的に除ける唯一の食品である。牛乳中の脂肪は薄膜で包まれているため（これがクリーム）クリームセパレーターで分けることができ、脱脂乳や低脂肪乳はこの方法で作られる。クリームはバターの原料でもあり、搾りたての牛乳があれば家庭で作ることができる。激しく振って薄膜を壊せばよく、バターの歴史も古い。

　スイスには夏場だけ山岳地帯で乳牛と一緒に暮らす農家がある。電気のない生活である。道路もなく牛乳を運べないが、パンと牛乳、チーズ、バターで暮らし、チーズを作って生計を立てる。牛は乳が得られることで価値が生まれ、たくさん乳をだす動物は牛以外にない。これらを見ると牛は神の贈り物と言える理由がお分かり頂けるだろう。

「牛肉でダイエット」

　肥満は現在世界的疾病とされ、2005 年、WHO（世界保健機関）は「肥満人口は全世界の 10 億人、2015 年には 15 億人に増加する」と報告した。高カロリーは"死の四重奏（肥満、高血圧、高血糖、高脂血症）"をもたらし、糖尿病や心筋梗塞（しんきんこうそく）の原因となる。満腹でもケーキは別腹に収まり、甘いものを嫌いとする人は少ない。このように脂肪と糖分は食欲刺激作用が強くて過食になりやすく、必要量を越えたカロリーは体脂肪として蓄えられ、肥満をもたらす。

　減量（ダイエット）が過激であると飢餓状態になり、食欲が増し、消化・吸収もよくなり、中止すると激太りとなる（リバウンド）。朝食を摂らないと低血糖状態が続き、昼食を短時間で食べ、朝食分のカロリーを摂ることが多いなど、食事の回数を減らすなどの方法はダイエット目的に合わない。好き嫌いのある人は、好きなものが簡単に手に入る現代では肥満予備軍である。1kg の減量に約 7,000kcal 燃焼させる必要があり、フルマラソンを 3 回完走

したときの消費量に等しい。減量はカロリーを少し下げる程度がよく、腹もちの良い食材を満腹になるまで食べ、規則的に食事をすることで空腹時間を短くすることである。脳が満腹と感じるまで時間がかかり、ゆっくり食べることが大切となる。コメが中心の食生活のときは、肥満と糖尿病は少なかった。現在では健康診断に BMI（太りすぎ指標）の項目が加わり、メタボ（内臓脂肪症候群）が日常語である。

　肉は一般に脂肪が多く、牛肉を食べてダイエットになると言われると疑念が生まれる。目的に合うのは中級牛肉で、筋肉部分で赤みが強く、脂身をナイフで除けるものをいう。一方、高価な牛肉の代表は黒毛和種が生産する霜降り肉で、脂肪は筋肉内に散在しナイフで除けない。

　表3は日本食品標準成分表の抜粋で、肉の栄養素は水分とタンパク質、脂肪であるが、牛の種類と部位によって割合が違い、脂肪が多いとタンパク質は少ない。150g のサーロインステーキでは、肉専用種（黒毛和牛）で 760kcal、乳用種肉牛で 500kcal と脂肪の多さが関係する。肉専用種ではカロリーの 90%が脂肪に由来し、ナイフで除けずダイエット用に向かないことがわかる。なお、輸入牛肉は乳用種の牛肉に近い。

　肥育（fattening）とは高カロリー食を与えて肥満（メタボ牛）にすることである。霜降り肉を生産する産地では生後約8ヶ月で肥育を始め、600～900日継続する。この間、与える配合飼料は 4t を越える。脂肪は皮下と内臓にも蓄積するなど餌のムダが多い。一方、黒毛和種以外は同じように肥育しても霜降り肉にならない。ただ脂肪が少ないと美味しさに欠けるため、出荷前の半年、1t 程度の配合飼料を与え、2 歳頃に出荷する。短期の肥育は外国でも日本向けに行われる。

　古くから牛肉ダイエット法というのがある。摂取カロリーを減らすことが基本であるが、タンパク質は減らせない。先の乳用肥育牛で脂身を除くと 260kcal と半分になり、赤肉であれば部位は問わず、輸入牛肉でもよい。ダイエットは栄養に偏りがある場合やダイエット食等がまずい場合は途中で断

表3. 牛肉部位別のタンパク質、脂肪、カロリー（100g当たり）

部位		タンパク質(g)	脂肪(g)	カロリー(kcal)
かた(脂身つき)	乳用種肉牛（肥育）	16.8	19.6	257
	肉専用種（和牛、肥育）	17.7	22.3	286
リブロース(脂身つき)	乳用種肉牛（肥育）	14.1	37.1	409
	肉専用種（和牛、肥育）	12.7	44.0	468
サーロイン(脂身つき)	乳用種肉牛（肥育）	16.5	27.9	334
	肉専用種（和牛、肥育）	11.7	47.5	498
ヒレ(赤肉)	乳用種肉牛（肥育）	21.3	9.8	185
	肉専用種（和牛、肥育）	19.1	15.0	223
ばら(脂身つき)	乳用種肉牛（肥育）	12.5	42.6	454
	肉専用種（和牛、肥育）	11.0	50.0	517
もも(脂身つき)	乳用種肉牛（肥育）	19.5	13.3	209
	肉専用種（和牛、肥育）	18.9	17.5	246

念する人が多いが、牛肉に野菜と果物、これに牛乳（脱脂乳）か大豆製品が加わると理想的なダイエット食となる。糖尿病にもよい[注]。少量のご飯で食べれば低カロリーで満腹感が得られ、それも持続する。

（注：デンプンが分解するとブドウ糖になり血糖値を上げる。ところがアミノ酸はブドウ糖にならないため血糖値を上げない。どちらも同じカロリーであるため問題なく、タンパク質が血糖値を改善する）

牛の驚くべき能力

「乳牛である必然性」

　私たちが求めるのは必須アミノ酸で、動物性タンパク質に多い。勿論、魚介類でも問題ないが、先に述べた理由によって資源の減少という不安要素がある。動物性タンパク質を不安なく入手できるのは畜産物からで、消費は牛肉 2、豚肉 4、鶏肉 3 の割合である。ここでは牛から得るタンパク質の割合を高めることで不安定要素を減らすことに主眼がある。ただ牛肉は豚肉と鶏肉に価格面で負け、また、肉 1kg の生産に必要な穀物（トウモロコシ換算）は牛で 11kg、豚で 6〜7kg、鶏で 3〜4kg とされ、効率面でも劣る。それでも優位というのだろうか？餌からその疑問に答える。

　豚と鶏は配合飼料で飼われる。原料の 90％を輸入することで食料自給率改善につながらず、供給が悪化すれば飼えないという制約があり、値段の安さも日本の努力で達成できないものである。牛にも配合飼料を与えるが、草のみで構わない。草は国内で生産でき、食料自給率を改善できる可能性は牛と草の組み合わせにある。

　肉生産の効率で牛肉は最低であるが、それは生産効率の違いを表したに過ぎない。豚と鶏の餌でトウモロコシと大豆をゼロにできず、優れた効率でも餌を外国に頼るかぎり安定供給と言えない。それでも合理性を認めるとすれば鶏である。肉生産の効率は豚より優れている。さらにタマゴ 1kg を飼料 2.2kg で生産でき、そのうえ良質なタンパク質が得られる。価格でも鶏に有利さがある。

　次は飼育場所で、豚と鶏は屋内で飼わなければならず、大きな施設が使われる（施設型畜産）。同じ場所で多頭羽飼育すると病気の発生などで大打撃を受ける危険性がある。牛は屋外でよく、放牧は完全に野外で行われ、飼育場所で制約が少ない。違いを集約と粗放ということもでき、生産費と関係す

る。日本は肉牛も牛舎で飼うが、外国では肥育も屋外でする。また、酪農で牛舎の建設に1〜2億円かかるが、絶対必要なものは搾乳施設のみである。

　このように牛の優位性は明らかであるが、タンパク質の生産効率を見ると牛乳と牛肉で違い、牛肉でも乳用種肉牛（肉用にされるホルスタイン）と肉専用種（90％が黒毛和種）で違いがある。乳牛の有利性を述べると、生後14ヶ月頃に妊娠、2歳で出産、その後、毎年出産し3〜5回で繁殖牛としての役目を終える。牛乳は出産後10ヶ月得られる。なお乳用種肉牛と肉専用種は妊娠させない。

　乳量は粗飼料を中心にすると6,000kg程度となる[注]。出産回数を4回とすると、タンパク質は生涯で816kg（乳量6,000kg×タンパク質3.4％×出産4回）、年当たり136kgとなる。また、乳用種肉牛の肉タンパク質は40kgである（体重600kg×精肉33％×タンパク質20％）。4回の出産であっても1頭が搾乳用にされ、3頭が肉用になる。したがって合計120kg、2年で出荷となるため年当たり60kgとなる。肉専用種は牛肉のみ供給し、肥育してもタンパク質はさほど増えない。生産量は乳用種肉牛と違わず、得られるタンパク質は40kgである。4回出産すると3頭が肉用になり（1頭は子牛生産用）、合計120kg、出荷まで3年以上かかり、年当たり40kgとなる。このように乳牛は肉専用種の5倍のタンパク質を作る。単価でも差があり、10gのタンパク質を得ようとすると牛乳300mlで60円、牛肉50gは中級牛肉で200円、霜降り肉で500円程度となる。

　放牧で酪農を行う国にニュージーランドがある。日本に比べ人口は30分の1の小国であるが、乳牛頭数は3倍、乳製品の輸出は世界一である。酪農家は平均100ha、350頭と規模も大きい。草で生産するため乳量は日本の半

（注：乳量は産後1〜2ヶ月で最大になる"へ"文字型で推移する。総乳量は最大泌乳量（1〜2ヶ月の乳量）と比例し、経済性を考えると6,000kgが適当となる。最初の約3ヶ月間は草の栄養では足りず、少量の配合飼料が必要になる）

分程度、しかし日本に比べ生産費は60％少なく、強い国際競争力の背景になっている。1haで3.5頭分の草を生産するが、生産コストの低さを示す数字である。また、オーストラリアは肉牛を放牧で飼う。草で生産した牛肉となるが、輸送費と関税38.5％（正規は50％）が加わっても国産中級牛肉（乳用種肉牛の牛肉）より安い。

　両国の例を日本に当てはめてよいだろう、国産の餌を使うと安価で安定したタンパク質を期待できる。タンパク質生産量と効率、価格で牛乳に優位性があり、消費拡大は低価格をもたらし、低価格が消費拡大につながる。日本は1人1日当たり牛乳200mlとコップ1杯の消費量であるが、欧米では700〜900mlと大半がコップ3杯、20gを越えるタンパク質を得る。これはチーズなどの乳製品分を含む。

　日本でも乳牛を使うと国産資源で膨大なタンパク質が生まれる。乳用種肉牛の肥育に必要な穀物は少なく、飼料米を使えば自給できるレベル、タンパク質でも高級牛肉と差がなく、乳牛の価値は草を食べさせて牛乳と中級牛肉を得るところにある。

「牛乳で栄養供給」

　タンパク質を確保するうえで乳牛を使うことのメリットがわかった。搾乳牛1頭が1年間で作る乳タンパク質は9〜13人分、1,000万頭で全日本国民が必要とする量を供給できるレベルとすればわかりやすい。先に述べたニュージーランドは牛乳のみで軽くクリアーする。ここでは草を主体として飼育する搾乳牛を100万頭増やすと、どのようなことが起きるか示すことにする。

　乳牛を100万頭増やすと、2歳を越えて出産することから年間60〜70万頭の子牛が生まれ、うち肉用になるのは40〜50万頭、出荷まで2年から乳用種肉牛も80万〜100万頭増える。合計すると200万頭と1,000人当たり40頭が50頭になる。といってもさほどの増加でなく、先進国の多くは250〜440頭、世界の平均220頭と比べても日本は極端に少ない。泌乳牛に限っ

ても日本は7頭前後である。一方先進国の多くは日本の4倍を越える頭数を利用し、摂取が必要なタンパク質の40％以上を牛乳が供給する。

しかし本当に乳牛を100万頭増やせるだろうか？

現在、年100〜110万頭の子牛が生まれる。現在の牛乳生産量を維持するのに30万頭を乳用として育てれば十分で、雌20万頭が肉用として育てられる。このことから毎年20万頭を乳用にでき、100万頭増やすのは単純計算で5年となるが、20年をかけるとすれば無理はない。

乳牛が100万頭増えると年間の牛乳生産量は360万〜420万t、1人1日当たり80〜100mlとなる。現在、牛乳・乳製品から得るタンパク質を合わせると必要量の13％を供給し、摂取カロリーの10％を占めることになる。また、現在は100万頭当たり年間の牛肉生産量は肉専用種で13万t、乳用種肉牛で24万tである。今の自給率36％（約47万t）を50％にするために乳用種肉牛なら60万頭必要である。年50万頭の出荷となり目標の50％に近づく。これは規模として豚肉を20％減らすことに相当する。

日本の資源で100万頭の乳牛を飼うと牛乳で3ポイント、牛肉で1ポイント近い改善となる。これらに相当する輸入牛肉が減り、動物性タンパク質の自給率を高めることの意義は大きい。さらに牛による増加分で豚と鶏、和牛を減らせばよく、現在の乳牛170万頭で草の割合を高めるとさらに改善される。牛乳は生産から消費までロスがなく、肉牛で体重の3分の1が精肉になることと比べて効率面で有利であり、草のエネルギーを回収する手段は乳牛を使うことである。

ちなみに国内で飼育されている和牛は約170万頭、その90％以上が黒毛和種である。農水省が飼育を推奨し、学者も霜降り肉にする研究をする種類である。これが日本の飼育事情に向くかは別問題で、理由は輸入穀物が必要、飼育が長期、体脂肪が多いと全てマイナス要因である。消費の90％が中級牛肉、国産でも乳牛の牛肉が和牛の約1.7倍である。最近は、中高年が霜降り肉を購入、若い世代は和牛でも切り落としを選ぶ。これらは何を意味する

のだろう？すでに消費者は答えを出している。

「今の牛と制度は不適切」

　草中心で牛乳を生産するためには、ニュージーランドタイプの乳牛が必要になる。

　戦後、酪農は1戸当たり1～2頭規模で始まった。乳量は4,000kg以下で、餌は稲わらと野草、野菜くず、米ヌカで十分と、まさにニュージーランドタイプであった。ところが搾乳機械の普及で頭数が増えると粗飼料が足りず、乳量が多くなると配合飼料が必要になった。

　乳牛の改良事業は1970年代に始められた。30年間で乳量6,000kgを9,000kgにさせ、世界でトップレベルにした。そのうえ牛乳中の脂肪とタンパク質の割合も高め、本来の能力を大きく変えた。高い能力を発揮するには大型の乳牛が目的に合い、牛の体型も変わった。

　この間、配合飼料の増加は北海道で240％、都府県で140％である。都府県の増加は小さく見えるが、もともと多かった。だが北海道でも配合飼料を多給することになった。飼料代が収入の40％を越え、2008年、配合飼料の値上がりで酪農家が苦しんだ。だが乳業メーカーは消費者の買い控えを恐れ、しばらく酪農家の要望を入れなかった。

　一方、悪い面も顕著になり、大型化したことで妊娠しにくくなり、難産、胃腸病や乳房炎が増え、耐暑性をなくした[注]。原因は粗飼料を大切にしなかったことや運動を制限したことにあり、牛の生理と習性を無視した飼い方に問題が多い。早期に廃用になる頭数の増加は経営上で問題が多い。

　　（注：出産後1～2ヶ月すると妊娠させる。不成立が続くと10ヶ月を越えて搾乳することになる。泌乳パターンは"ヘ文字型"であることから、得られる乳量は少なく収益が下がる。妊娠しなければ廃用にされる。運動を制限すれば難産が多くなる。また、乳房炎は、出荷禁止、乳量の減少、乳質の悪化、治療費が収益を悪化させ、廃用にする原因にもなる。高泌乳牛は妊娠しにくく、乳房炎が多発する）

中型で乳量 6,000kg 程度であれば、このような事態にならない。草で牛乳を生産しようとしても、今の乳牛は能力が高すぎて不適切である。乳量 6,000kg 程度の飼育にしなければならないが、簡単でない。国の改良方針と反対のことをすることになるが、家畜の改良を科学する学問はできることを教える。この程度の乳量であれば中型でよく、放牧にも適する。

　40 年以上前、恩師内藤元男先生は日本に適する乳牛を"乳肉兼用で中型"と主張された。留学先のイギリスで"ブリティッシュ・フリーシアン"、"ディリー・ショートホーン"などの乳肉兼用種を知ったからであろう。しかし乳牛の改良事業で受け入れられなかったという。しかし放牧を考えると筆者も中型の結論となる。

　次の問題は制度が関係し、乳脂肪が 3.5％より低いと乳価が極端に下がることである。今は平均 3.7％であるが、30 年前は 3.1〜3.3％であった。この基準が設けられた背景に乳脂肪の高い牛乳がヒットし、消費拡大のもくろみがあった（実際は、拡大につながらなかったが）。

　しかし乳脂肪は餌と季節の影響を受けて一定でなく、青草を多給すると下がり、夏バテで下がるなど、3.5％以下は自然である。むしろ工業製品と同じように規格を当てはめることに無理がある。このルールのため放牧による酪農ができなくなった。乳業メーカーは生産者に 3.5％以上を求め、消費者には健康に良いとして低脂肪乳を宣伝する。最近は 2.5％程度にした"低脂肪牛乳（成分調整乳）"がヒット商品である。

　厚労省が定める牛乳とは「何も加えず除かず（成分無調整）、乳脂肪分 3.0％以上、無脂固形分 8.0％以上で殺菌した牛の乳」であり、草で生産した牛乳でも楽々クリアーする基準である。理不尽な基準があると配合飼料依存、外国依存から逃げられない。乳量を維持、かつ 3.5％以上にする方法は、屋内で飼う、運動させない、配合飼料と乾草を多給することである。放牧は論外となるが、草で生産する牛乳が乳質（品質）で優れているから皮肉である。

ところが 3.5％以上になっても、美味しい牛乳にならなかった。さわやかな香りと風味が感じられないからで、原因は超高温短時間殺菌（130℃付近で 2 秒）にあった。ホモジナイズ（均一化、ホモ牛乳）して脂肪球を小さくすることが必要になるとコクをなくした。搾りたての牛乳を温めて飲むと違いがわかり、まずい牛乳を消費者に強いる乳業メーカーの責任は大きい。なお、欧米に多い高温短時間殺菌（80℃付近で 15 秒）と低温保持殺菌（65℃付近で 30 分）は本来の風味をそこなわない。超高温短時間殺菌は保存性に優れるが、わずかであり、どの方法で殺菌しても開封すれば同じである。

国の方針と農村の今

「食料・農業・農村基本法」

　1961 年、農業基本法は、農政の主要な目的として「農業の生産性を向上させて農家の所得を上げ、農村の生活を他の産業に従事する人々のそれと均衡のとれるように改善向上させる」ことを目標に掲げた。

　1999 年、食料・農業・農村基本法は「国民生活の安定向上及び国民経済の健全な発展。農村振興により農業の持続的な発展をはかり、食料の安定供給と農業の持つ多面的機構を十分に発揮させる。食料自給率の目標設定、消費者重視の食料政策の展開、のぞましい農業構造の確立と経営施策の展開、市場評価を適切に反映した価格形成と経営安定対策、自然環境機能の維持増進、中山間地域における生産条件の不利補正」を掲げて方向転換した。

　不測時の食料安全保障マニュアルは、第二条四項「国民に対する食料の安定的な供給については、世界の食料の需給及び貿易が不安定な要素を有していることにかんがみ、国内の農業生産を基本とし、これと輸入及び備蓄とを適切に組み合わせて行わなければならない」、第十九条「国は、第二条第四項に規定する場合において、国民が最低限度必要とする食料の供給を確保するため必要があると認めるときは、食料の増産、流通の制限その他必要な施策を講ずるものとする」に基づき、また、環境三法（家畜排せつ物の管理の適正化及び利用の促進に関する法律、肥料取締法の改正、持続性の高い農業生産方式の導入の促進に関する法律）は、第三十二条「国は、農業の自然循環機能の維持増進をはかるため、農薬及び肥料の適正な使用の確保、家畜排せつ物等の有効利用による地力の増進その他必要な施策を講ずるものとする」に基づいて制定された。

　新しい基本法を受け、2000 年、食料・農業・農村基本計画が作成され、食料自給率を 45％にするとした。2010 年までの需要見通しを、牛乳・乳製

品と牛肉は増え、豚肉と鶏肉、鶏卵は減る予測とした。さらに漁獲量を40％増やすと言うが根拠があってのことだろうか？ここでは疑問に思えることを牛に限って述べる。

　基本計画には乳牛を1万頭増、牛乳は80万t増とある。1頭の生産を上げれば輸入飼料が増える。肉用牛は肉専用種40万頭増、乳用種肉用牛29万頭増である。黒毛和種は穀物を与えなければ肉質は並である。飼料生産地は94万haから110万haへ拡大とするが、30万頭分が増えるにすぎない（1haで2頭として）。これらは飼料の輸入と関係し、2006年、食料自給率は39％になるなど、目標とした45％も初めから不可能であった。2005年の見直しで、達成目標を2015年度に先送りしたのも当然である。

　2008年末、農水省は食料自給率を10年間で50％に引き上げる工程表を発表した。コメの消費拡大で1.3ポイント、米粉の生産を50倍にして1.4ポイント、小麦の生産拡大で2.5ポイント、大豆で1ポイント、これらで6.2ポイントとする。野菜や乳製品、イモ類などの生産拡大を加えて合計10ポイント、これで50％にするという内容である。10万haの耕作放棄地で営農再開、休耕田20万haで飼料用米、水田36万haで裏作することで小麦を増やすという。さらに畑で飼料作物栽培を79万haから93万haにするという。

　この2つのプランのどこに違いがあるのだろう？10ポイント高くなって何が変わるのだろう？ただハッキリしていることは、いずれも食料安保と無縁の内容であることである。

　農政はコメ中心で行われ、これまで家畜を脇役として扱ってきた。これらからわかるように基本的な姿勢に変化は見られない。カロリーは改善されてもタンパク質に対する配慮は感じられず、これで食料安保が成り立つだろうか？健康が守られるのだろうか？立案者は家畜の特性を理解しているように見えず、政策にも適切に反映されなかった。方針を見て不幸に感じることは、コメの政策立案者と畜産の政策立案者が十分議論して作成した内容と思えないことである。以下で理由を述べるように両者が協力しないと日本の食の将

来は明るいものでなく、ここで両者が融合し、牛を活用することで可能になる未来像を示したい。

「小規模稲作農家誕生」

　小作農は明治の税制改正によって生まれたと述べたが、税率は支払い能力を超え、多くが水田を手放したことで貧しい農民が出現した。国の税収は稲作農家が頼りで、諸産業を創設するため金納である必要があり、日本の近代化は農村の犠牲のうえでなされたといっても過言でない。

　太平洋戦争が終わり、まずGHQ（連合軍総司令部）が着手したことに財閥の解体と地主の消滅がある。財閥は政界と癒着することで保守政治を生み、地主階級が大きな発言力で体制を支えた。地主制度が小作という貧しい農民を生み、資本家には低賃金で働く労働者、軍隊には過酷な戦場に耐える兵士を供給した。いずれも軍国主義をなくすため必須と考えたのである。

　農地解放の出発点は、1945年12月、農民解放令で「民主化促進上経済的障害を排除し、人権尊重を全(まった)からしめ且(かつ)数世紀にわたる封建制制圧の下、日本農民を奴隷化して来た経済的桎梏(しっこく)を打破するための農地改革案を本司令部に提出すべき（一部略）」と命じたことにある。

　戦後第2代目農林大臣村松謙三は就任会見で「農政の基本は自作農を作ること」と表明、1945年末から第一次農地改革を始め、翌年、「昭和20年の価格で小作農に売りわたす」ことを義務づけた。不在地主には所有を認めず、在村地主でも1ha（北海道で4ha）しか認めず、140万の地主から200万haの農地を買いあげ、小作農家430万に払い下げた。まさに水田50a程度を耕す"五反百姓"という自作農の誕生であった。年10倍以上というインフレで支払時はタダ同然、3年余り（1947〜1950年）で地主制度は崩壊、地主側の提訴は1953年に敗訴が確定した。

　このようにして農地解放が始められ、小規模自作農が生まれた。ただ小作地をなくすことが目的で、耕地の規模拡大を考慮しなかった。今でも水田面

積 1ha 未満の農家が 70％、稲作で生活できない規模である。農地解放は自作農創出に大きな役割を果たしたが、規模拡大の余力を生まないものであった。1952 年に制定された農地法は離農による放棄水田の出現や農家以外からの参入を想定しないなど、今にしてみると"離農は自由、参入は不可能"と弊害が大きい。

戦時中に制定された食管法が小規模稲作農家を支えた。生産者にコメ出荷数量を前もって確約させ（供出）、政府が全量を引き取った。配給制度を維持するため、予定量を下回ることは許されなかったのである。1995 年、主要食料の需給及び価格の安定に関する法律（新食料法）の施行まで農家に稲作を強いた。

それによりただ生産者は増産に励み、出荷すれば終わりとなったことで経営に疎いという弊害を生んだ。通常であれば消費者を意識しない生産者はいないだろうが、稲作農家には多く実在したのである。食管法の施行から半世紀、コメ作りを強いられ、売る努力をしなかった。そこから生まれる農民像は明らかであろう。コメ以外の耕作は考えず、不満があると国家に解決を求めた。戸数が多いだけに政治も無視できない圧力団体になり、農政に歪みを生むことになった。

稲作で忙しい時期は短い。きつい作業に田起こし、田植え、草取り、稲刈りがある。1970 年代、耕地整理が進み、農業機械の使用が可能となった。耕耘機と田植機、コンバインが導入されると人手がなくても不都合なく、堆肥の代わりに化学肥料、草取りを除草剤が解放するなど徹底的に省力化され、勤務後や週末にやれる稲作になった。そのため一式 500 万円を越えるトラクター、田植機、コンバインを各農家が購入した。機械化で生まれた時間を現金収入に使い、機械化貧乏と言われても経済的に見合わない稲作を続けた。

小規模稲作の誕生は農業の機械化も促進した。兼業で所得を増やすことが手っ取り早いからであるが、農業機械への出費で水田を買うゆとりがなく、規模拡大への意欲をなくさせた。一方、高齢者は農地解放のありがたさを知

る世代で農地を手放さず、次の世代は値上がりを期待して手放さない。農業基本法が目指したように、大規模農業に転換して生産性を高めて経営を安定させる必要性を多くの農家も感じていたが、農地取得の難しさがそれを阻んだ。しかし農地は私有財産であっても公共性の高いことを忘れてはならない。

　今の農村は以上に述べた状態に近いだろう。日本農業の再興はこの状態の変革から始まる。

「農業再生に必要な視点」

　江戸末期、今とほぼ等しい広さの水田で 3500 万人の日本人が暮らしていた。当時はもちろん食料自給率 100％であるが、人口の数がコメに頼る生活の限界、平野部で行う食料生産の限界の事実を示し、同時にコメ以外の食料を見つけ、生産場所を平野部以外に広げないと現代の日本では食料自給率は上がらず、これからは生産場所を広げる農業へ方向転換する必要があることを教えている。

　これまで政府は米飯食を奨励してきたが、消費は一貫して減少し、休耕田が拡大した。若者でコメ離れが進み、少子高齢化と人口減少による消費減もあり、生産調整は避けられない。水田の特殊性から休耕田を他の目的で使うことはなかったが、それでも稲作と水田を重視しない農業改革は問題外で、放棄水田を生まない方策が必要である。動物性タンパク質の生産を増やし、ご飯を一杯余計に食べ、食生活のムダをなくすことで達成できる最低レベルは、イネと水田を使うと難しくないのである。

　ここでいう新しいことは石油への依存度を下げる農業にすることである。石油の供給が減ると価格は高騰、石油に頼る食料生産は困難になり、使用を控えて生産できるものを選択しなければならない。コメであっても例外でなく、あらゆる食料の生産で石油への依存を下げることが求められ、これを目指さないと日本の食料の未来は暗い。

　また食料自給率が低いことによる不安も感じる。地球温暖化がもたらす地

球規模での食料生産の悪化、輸入を困難にさせる状況が出現することへの危惧である。炭水化物とタンパク質の重要性は永久に変わらず、日本の状況を考えると動物性タンパク質不足が起こる可能性が高い。畜産物の生産を大きく海外に頼るからである。本来であればカロリー自給率とタンパク質自給率を一緒に考えなければならないのだが、カロリーのみが対象にされ、タンパク質に関心が向かなかった。これからはコメ専門家と畜産専門家が十分議論して総合的に農政を進める必要性を強調したい。ここで現在の農政で気になることの幾つかを述べる。

最初に、コメ農業を衰退させた元凶は減反政策にある。意欲ある農家と片手間に近い農家で減反割合は同じで減反協力金にも差がない。減反協力といいながら違法作付けを許さず、農家が意欲をなくすのも当然である。それでも農水省、その末端として農協が、背景に減反政策を推進すると農協に手数料が入る仕組みがあるために厳格な減反の実施を求め、稲作を止める農家があっても減反しない農家があっても困ることにある。異端を嫌う農村の仕組みを使ったやり方で、農家に誇りを失わせたことは間違いなく、今後は意欲ある農家の創意工夫を助け、生産意欲を高める政策でなければならない。

それを踏まえ、最近になってやっと減反政策廃止の検討が始まった（2009年）。制度を維持するため毎年2,000億円使うからだが、財源確保が限界に近いという。廃止によって米価は下落し、小規模農家は耕作を止める。そうでなくても小規模農家ほど高齢化している。これらが重なると広い水田、条件の良い水田も放棄される。数年すると原野に戻り、昆虫の住み家となって周りに被害を与え、また、一度放棄されると復田に多大な労力と時間がいるなど、対策のない小規模稲作農家切り捨ては大問題になる。

農家生まれの人が農業を継ぐことなどは既に期待できず、農業以外の業種からの参入がなければならないが「農地の取得は農作業に常時従事（原則年間150日以上）する個人と農業生産法人に限る」と定める農地法が存在し、新規参入を困難にする。小規模稲作は貧しい時代では問題にならなかったが、

今は農業で生活できる規模にしないと生き残れない。作業能率を高めるため水田（農地）の集約化は避けられず、むしろ集約化できなければ農業再生は難しい。農家の努力で出来ることは少なく、新しい視点に立った農政が求められる。

　農水省の予算総額毎年2兆5,000億円前後、これまで助成金と補助金で農政が行われてきた。予算書には事業費、対策費、整備費、振興費、支援費、安定化基金、対策基金などが延々とあり、それでいて農業は衰退を続けた。費用の全てがムダとは言わないが、なぜ農村が疲弊したのだろう？農政が余り役立たなかったからである。役所を維持するための経費を補助金などの名目に変えたものも多く、項目の多さは自信のなさの裏返しである。補助金なしの口出しに効果がないことを痛感しているのは行政であろうが、将来の展望を見いださなかった政治、目先にとらわれた補助金農政に成果は期待できない。一部の識者がいう「補助金農政が日本農業をダメにした」は真実に近い。

　日本へ輸出する農産物を生産するため、国内の2.7倍の農地が使われていることをみると自給率の改善は難しい印象を受ける。ところがこれには落とし穴があり、山を山としか捉えず、コメと水田に縛られ、それ以外に国内で耕地を作る、広げる発想がないのである。自給率の改善には炭水化物とタンパク質、脂肪の自給率を上げればよく、コメと水田に限る必要はない。国土が狭く、食料自給率が上がらないというのは言い訳である。これから地球環境悪化を念頭に置きながら、耕地を作り、広げることに話題を移そう。

耕地を作る、広げる

「耕地を広げる牛」

　牛の頭数は現在酪農家一戸当たり60頭を越えるまでになったが、飼料作物用耕地は1.7haに留まる。1haで2頭と言われ、酪農家自身で粗飼料をまかなうことは不可能である。また、全く自家生産しない（できない）酪農家も多い。乳価は一定、餌代が高くなればたちまち赤字経営、将来の見通しが立たず、後継者は希望を持てない。配合飼料の高騰もあり、2006年からの2年間で酪農家約3,000戸（11％）が廃業した。

　先ほど「粗飼料を酪農家自身でまかなうことは不可能」といったが、酪農では給餌と世話、朝と夕の搾乳、牛舎の清掃と連続して作業が続き、むしろ粗飼料を自家生産する時間がないとする方が正確だろう（これが放牧酪農では搾乳のみとなるが）。国による農業振興策は飼料を国内で作り、安く供給する体制作りである。水田で粗飼料を生産することで農村を活性化させ、餌に係わる問題をなくすことで酪農を盛んにして食料生産を安定化することにつきる。

　牛を100万頭飼育するのには50〜100万haの耕地が必要である。イネは日本の風土に合い、必要な基盤も備わっている。ところが水田250万haのうち100万haが休耕田で大半が未利用、加えて裏作できる水田、放棄水田がある。コメ作りで水田は年1回の使用である。2回使うと耕地は2倍になり、場所と使用回数を増やすことで農地拡大を図れる。稲作のプロが存在することで、知恵と技能、経験を活かすことができ、ここでは水田で稲作することを想定する。なお揚水で灌漑する水田では稲作を止め、牧草や他の作物の栽培に切り替えるとする。

　かつて稲わらは牛の餌であったが、今は捨てられる邪魔者である。しかし稲わらの需要はあり、敷きわらや飼料用として毎年22万t程度を輸入して

いる（2000 年、宮崎県で発生した口蹄疫は輸入稲わらが原因と疑われた）。牛の好物はイネ科植物なので相性がよい。毎年水田に放置される 700 万 t もの稲わらを粗飼料にするだけで飛躍的な耕地拡大となる。

　ただ牛が好む稲わらを生産する稲作に転換する必要があり、青い状態で刈り取ることも必要になる。農薬の使用を控えなければならず、多少の病気や害虫の被害を受け入れる必要などもある。

　ここでは家畜が食べるコメを飼料米、生産するイネを飼料用イネ、人が食べるコメを飯米、生産するイネを飯米用イネとする。飼料用イネは多収量と稲わら生産を目的に作られ、コメの美味しさは問われない。ただ牛の好む稲わら、酪農家が求める品質である必要があり、意欲ある大規模稲作農家以外は難しいだろう。中には助成金目当ての農家、家畜に食べさせるコメの生産に抵抗を覚える農家、稲わらが餌として売れることを知らない農家があると言われ、これらに大きな期待は出来ないだろう。

　飼料用イネとしてクサホナミ、モミロマン、クサユタカ、はまさり、ホシアオバなど多くの品種があり、1haで30t前後（コメと稲わら）の収穫量と飯米用イネの 2〜3 倍である。飼料用イネには寒冷地、温暖化が進んだ地域で育つ種類があり、地域に合った品種を選べる。半世紀前、イネは丈があり、多くの稲わらが得られ、飼料に適するものが多かった。これを使うと 1haから得られる稲わらで乳牛1.5頭分、裏作で牧草を栽培すれば2頭分となる。飼料用イネでは刈り入れ時期を変更でき、飯米用イネと重ならない。稲わらは乾草やサイレージ（発酵飼料）にすることで通年与えることができ、一般的な保存法になったロールブロックサイレージ[注1]にすると屋外にも放置できるので、あとは配送システムを作ればよい。

　　（注1：機械を使って乾草を硬く丸め、ビニールを巻き付けた草の塊（ロールブロック）で、空気が遮断されることで嫌気発酵が進み（サイレージ）、保存できる状態になる。専用の乳酸菌「畜草1号」が市販されている。雨が侵入できないことで屋外に放置でき、塊一つで 300〜500kg と大量の牧草を保存できるため急速に普及した）

飼料米はトウモロコシの代わりになるもので、1haで8〜10t（飯米用イネでは約5t）、超多収穫用イネを品種改良すれば20tの収穫も夢でないと言われる。1頭をコメ1tで肥育すると100万頭の乳用種肉牛であれば15万ha分で足りる。ただ乳牛にとって稲わらとコメのどちらが相応しいか比べると、胃の仕組みからデンプンは消化が良すぎて多く与えることができず、稲わらの方が食用に適する。青い状態で刈り取れば年2〜3回収穫でき、さらに稲わらが有利となる。飼料米は鶏と豚が食べると問題が少ない。

　イネの収量が増すと肥料と水も多くいる。水の心配は少ないが、化学肥料を使うのであれば意味がなく、代わりになるものが堆肥である。現在、「環境三法」に基づき家畜の排泄物の堆肥化が進められ、その堆肥を畜産農家はどこかで使わなくてはならないが、稲わらは窒素、コメはリンを求め、美味しいコメ作りで堆肥は使いにくい。ところが飼料用イネでは味は問題にならず、10a当たり堆肥1t、地力が低ければ2t使用できる（1960年代まで0.5t程度使われていた）。1万haで10万t以上の堆肥を消費でき、その結果、化学肥料は大幅に減る[注2]。家畜の排泄物が飼料となって戻れば循環型農業の完成である。残るは除草剤と農薬の使用の問題である。飼料用イネは水田で育てる草であり、除草剤は雑草で生育が大きく妨げられなければ使用しなくてよい。農薬を使わない方法が一番であるが、使用しても小量、それも収穫前は使わないなどの配慮で害を回避できる。

「政府委託の稲作と備蓄米」

　稲作農家では兼業が多い。農業を専業にするには周年働けなければならず、二期作、二毛作、裏作を取り入れることで解決することになる。大型機械を使うことになるが、排水すれば乾田化し、使用上で支障ない。問題は収入の

　　（注2：リン酸とカリ肥料の原料は天然の鉱石資源である。産出国と埋蔵量が限られるため、この数年間で価格が数倍になるなど高騰し、将来においても供給と価格が不安視されている。化学肥料を使わないと穀物の収量は3分の1になると言われる）

保証である。飼料用イネを増やす取り組みは古く、行政からの支援もあった。ただ助成内容と金額などに一貫性がなく、年度によって違いがあり、次はその一例である。

　転作・産地づくり交付金として 10a 当たり 55,000 円、収量に応じて加算された。コメ 1kg 63 円で売れ、10a 当たり販売額は 28,000 円であった。一方、交付金は 83,000 円と販売額の 3 倍である。その後、売り先を農家自身が見つけることを条件に、飼料米であれば 10a 当たり 8 万円の助成に変更した。これらの交付先は法律にそって政府が決めるが、この例では初めから有効性を期待できず、稲わらの販売を無視するなど、お互いが飼料用イネを理解していると思えない内容である。これでは補助金目当ての稲作と言われても仕方ないだろう。

　輸入飼料と価格競争するには飼料米と稲わらのいずれも 1kg 40 円が目標となる。1ha で玄米 8t、稲わら 10t とすれば売り上げは 70 万円前後となるが、生産費（物材費）とほぼ同額、つまり単収を上げ、物材費を下げないと利益はゼロである。単収が 2 倍以上ある超多収穫用イネの栽培、さらに直播き、堆肥の使用で物材費を半分にして、ようやく飯米より収入が多くなるなど、生産者の知恵が試されることになる。

　生活できるレベルとして一農家当たり 10ha の耕地を与え、飼料用イネ 40％、飯米用イネ 60％、これに二期作、裏作する専業農家を育成することである。これでも地代が安くないと拡大再生産できるレベルでない。しかし、これを核として地域振興を図らないと農業再生にならず、食料安保も無意味となる。稲わらは輸入牧草と同額で販売に支障ない。問題は飼料米にあり、価格がトウモロコシより割高であれば誰も買わない。畜産農家が買える価格での生産が求められ、生産者に利益がでなければならないのだが両立は難しい。

　次に提案することが"飼料用イネの生産を農家および農業生産法人に委託"することである。委託であれば煩雑な申請手続きはいらない。財源は減

反とコメの備蓄に使われる約3,000億円を充てる。ここで10haを有する1万戸の農家を誕生させ、1戸当たり300万円で委託すると費用は300億円となる。年3,000億円を使えば休耕田はなくなり、大半の乳牛の餌をまかなえる。所得保障方式に近いが、10ha規模で、休耕田で飼料用イネを栽培する生産者を対象にする点に違いがある。休耕田が減ることで休耕協力金は不要になり、備蓄を減らすことで浮いた経費を使えば新たな支出増にならない。面積当たりにすれば従来の補助金より格段に少なく、自立が進むにつれて委託費は減額できる。

　生産者は政府と契約し、飼料米と稲わら300万円分を政府が引き取り、それを越えた分と飯米代金は農家の収入とする。これでも収入面で給与者世帯と同レベルである。飼料米と稲わらを畜産農家が買うとき1kg 40円程度にすれば、輸入穀物や乾草と競争できる。流通経費は1kg 20円程度とされ、20円が国の収入となり、実質の委託費は一戸当たり150万円となる。もしくは販売単価を決めたうえで委託農家が販売することも考えられる。農家が行なうのが難しいのであれば、これらを専門に扱う業者が仲介してもよい。コメにおいては、2007年以降、世界的なコメ不足で価格高騰しているので、1kg 80円程度であれば輸出できる。

　最後が"水田を使ったコメの備蓄"である。

　8月に入ると不作を予測できる。余剰米は休耕田に飯米用イネを植えると発生するが、植えることに理由がある。水田で備蓄するため、不作のときは適期に収穫して飯米にする。これで備蓄米は最小で済み、古米処分に悩むこともない。不作は避けられない運命にあることを知れば、これより合理的な方法はない。20万haあれば備蓄米に相当する100万tを確保できる。なお、作柄予測に基づいて、飼料米にするか飯米にするかの判断は生産者で出来る。

　この目的からして不作の時以外は飯米用のイネでも大半を飼料用にしなければならず、青い状態で刈りとるか、完熟させて刈りとる。これにより飯

米の供給過剰にならないことで米価の下落は起こらない。飯米は熟する直前のコメである。完熟すると収量は多くなるが、味と噛み心地が悪い。判別は容易で、ヤミルートに流れても販売業者は扱わず、消費者は買わない。ただ、飼料用として安価で売ることで収入が少なくなるので、実行できる生産者は大規模農家のみとなるが、ここでは政府委託であるから安心できる。

　ただ注意が必要なことは飼料用イネで行う食料生産に方向転換したら逆戻りは許されないことである。国内で安定して飼料を供給することで畜産が成り立ち、途中でハシゴを外すことができない。一方、飼料用トウモロコシと大豆の輸出が減ることでアメリカの農家は作付けを減らし、急に輸入を求めても拒絶されるだけである。

「耕地を作る牛」

　日本の肉牛飼育は輸入飼料で成り立ち、安定して安価な牛肉を供給できる状況にない。輸入飼料の高騰で、2006年からの2年間で廃業した肉牛農家は約6,000戸（7％）あり、安定した経営と言えない状態である。これから牛肉が高騰しても大半は再開せず、一度生産基盤をなくすと回復は容易でない。この問題を解決するには放牧を活用すればよく、海外に頼らないで牛肉を生産でき、さらには生産費を軽減でき、多くの頭数を飼える。中級牛肉の生産に適し、ここで乳用種肉牛100万頭を放牧する。勿論、乳牛でも良く、各地で山地酪農が行われ、零下20℃にもなる北海道でも牛舎を持たない酪農家もいる。

　日本では農業は人手を掛けるものと考える。明治時代、訪日した欧米の農学者は"agriculture（農業）でなくgardening（園芸）"といい、先人は放牧を"牧に放す"と表したが理解されなかった。欧米では放牧する牛を「所有する」と言っても「飼う」とは言わない。放牧で牛がたくましく生きる姿がみられ、毒を含んだ野草を口にしないなど、適応能力の高さは想像を越える。

やはり"牧に放す"で十分である。

　昭和初期、ヨーロッパを訪れた和辻哲郎は「風土」に「雑草がない」という名言を残した。船上から山にいる家畜を眺め、ヨーロッパの雑草を牧草と思ったのだろう、畑作に向かない場所で放牧され、牛、羊、山羊は自然に育ち、山が耕地であった。日本に山は多いが、林業の衰退で森林の荒廃が進んだ。植林から材木になるまで約50年、そのあいだは無収入、それでも山の手入れは欠かせず、林業で生計を立てることの難しさから放置となった。林業を再生させながら山の価値を生むとすれば放牧しかない。

　表4にいくつかの国の国土利用状況を示した。牧場・放牧地が相対的に広く、外国では草食家畜が耕地を作ったことがわかる。日本は国土の約13%で食べものを作り、平野部以外は使わないが、家畜を使って山地を食料生産地に変えることは日本でもできる。実際、昭和初期まで放牧は珍しくなかった。背景にあるのが文化の違いで、食料（肉）を得る目的でなかったところに衰退の原因があった。

　日本の肉食文化の歴史をさかのぼると、736年、天武天皇は「殺生禁断の詔勅」で「牛馬犬猿鶏ノ宍（肉）ヲ食ウコト莫レ」と食肉を禁止した。仏教の影響があり、人に代わって働く動物として牛馬を敬い、山野を食料生産の場所でないとしたことも理解できる。この精神が幕末まで生きた。ただ猿はその限りでなかったが。

　明治時代に入るとフランス料理が宮中の正式料理になり、1872年（明治5年）、天皇が牛肉を食べ、ついに「肉食の禁」が終わりを迎えた。翌年、1,000年余り食肉禁止の宣伝者であった僧侶と尼僧に食肉を勧めることも行われた。

　ただ農民は農耕用として牛馬を飼い、一家で1頭、家族の一員であった。そのため「食べるのであれば売らない」と抵抗、戦前で今の20分の1、40年前でも10分の1と多くの人が食べなかった。役目が役用から肉用に変わるのは1960年代後半、1991年に牛肉の輸入自由化があり、草で生産できな

表4. 国土の利用状況（万ha）

	アメリカ	イギリス	ドイツ	フランス	ブラジル	日本
耕地	18,778	599	1,202	1,949	5,071	441
牧場・放牧地	23,917	1,110	527	1,063	18,500	66
森林	29,599	250	1,070	1,501	48,800	2,500

い霜降り肉の生産が飼育の目的とされるなど、大きな変更があった。

一方、酪農では、幕末まで牛乳を得る目的で飼われた牛は1頭もおらず、領事タウンゼント・ハリスが搾乳法を伝えるまで牛乳を飲むこともなかった[注]。

実質、黒船が酪農を広めたとも言える。福沢諭吉は牛鍋（すき焼き）を好んだことで有名だが、晩年、牛乳を愛飲したことを知るものは少ない。民間でも養生食として認められ、病人が飲んだと言われる。ただ牛乳を飲むのは死に瀕した時のみと言われ、配達されると死者が出るというと噂が流れた。牛乳に悪いところはなかったのだが。

時代が変わり、牛肉と牛乳が普通の食べ物になると消費者は安心できるものを安価で安定して得られることを求める。放牧や牧野の特徴とは何だろう？

野草は生育が速く、病気や害虫に強く、そのうえ温暖化の影響を受けにくい。1haの草生産量は北海道で年20〜40t、それ以外は30〜50tである。放牧できる頭数は地域や気象条件によって違いはあっても1ha当たり2頭、現実、1頭とすれば無理はない。放牧時、牛は決まった排泄場所を持たない。この

（注：吉宗の時代、インドから3頭の白牛を輸入し、千葉の安房で飼育したとあり、千葉県が酪農の発祥地と言われる。ハリスが搾乳し、アメリカ領事館が置かれた下田市玉泉寺には「牛乳の碑」がある。寺には領事が使ったとされるコップも残されている）

程度の放牧密度であれば、糞尿は分解されて肥料となり、環境破壊や水源汚染の心配はいらない。無化学肥料、無農薬が可能となる。

　国内には丘陵地や台地が870万ha（耕地の2倍）あり、ここは比較的利用しやすい場所である。森林は2,500万ha、うち国有林が780万haある。全国に2,300余りのゴルフコースがあり、平均100haの広さである。自動車で行けないコースはなく、近くに放牧に適した場所があることを教える。丘陵地と台地の10%で87万頭、森林の5%を使うと125万頭となり、山野を利用すれば200万頭の放牧は容易である。

　放牧地や草地の造成で大規模工事は必要なく、必要な工事は取りつけ道路くらいで、場所が広ければ柵はいらない。森林に放牧すると牛は下草を食べ、歩き回って地面を耕す。"蹄耕法"と言われ、戦前まで放牧が盛んであった東北地方では、今でも牛馬が作った美しい森を見ることができる。

　放牧を行った先駆者が明らかにしたことは、ノシバが育つと永久放牧地になることである。イネ科の多年草で各地に分布し、好日性のため放牧を続けるとシバ型草原になり、年中草丈が15〜20cmあり、栄養価が高く、一方、牛は歯の特徴からシバの生命線である匍匐茎（ほふくけい）を食べず、再生を妨げない。根を広げることで傾斜地でも土砂は流されない。また、牛は急な斜面であると横切って移動することで山肌に等高線状の"牛道"ができ、これが雨水の流れを遅くし、土砂の流出を防ぐ。

　日本では放牧という概念が希薄なため素人（しろうと）が適地を探すことは難しい。そこで行政に幾つかの放牧候補地のモデル案を作成することを求める。もちろん専門家を派遣する制度の創設でも構わない。当面100ha確保でき、さらに拡大できる場所が相応しい。放牧することで森林はよみがえり、借地料が得られるとなれば所有者は反対するだろうか？山地の経済価値は低く評価され、安値で売買される。所有のこだわりも少なく開発は容易である。

「耕地を作った牛」

　ここで荒れ地や山地を牛が耕地化した例をあげよう。

　小岩井農場は 1891 年岩手県雫石町に設立された。小野義真（日本鉄道会社副社長）が東北線建設で失われた田畑を別の場所で生み出すことを計画、賛同者岩崎弥之助（三菱社長）と井上勝（鉄道庁長官）から 1 文字とって命名した。

　しかし 3,000ha の開墾を試みるものの荒れ地のため頓挫、小野の求めに応じ、岩崎久弥（三菱 3 代目社長）が引き継いだ。彼はペンシルベニア大学で経営学を学び、牧畜や植物に関する多くの書籍を持ち帰ったという。彼はそこから荒れ地でも草は育ち、牛も生活できることを学んだ。サイロ（農産物、家畜の飼料を蔵置・収蔵する倉庫、容器等のこと）と畜舎を建設して近代的な牧場へ変貌させ、今は 2,000 頭余りの乳牛が飼われている。宮沢賢治もしばしば訪れ、長編詩「小岩井農場」を残した。観光で訪れる人も多いが、先人の苦労があって出来た牧場であることを知ると見方も変わるだろう。設立の名残が"農場"にという名前にある。

　それとは別に戦前、27 万人余りが満蒙開拓団として満州に渡った。もともと生活苦を理由に移住した人が多く、敗戦によって帰国しても使える耕地はなく、未開地へ入植した例が多かった。富士山麓は溶岩がゴロゴロする原野でイネも野菜も育たず、また、栃木県那須や鳥取県大山は自然に生える草を利用する以外なかった。乳牛を飼うことで生活し、日本有数の酪農地帯に育てたが、まだそれを知るものは少ない。

　草で生産する牛乳は品質に問題はなく、世界的なアイスクリームメーカーは日本進出の際に原料として草で生産する牛乳を選んだ。また、十勝支庁にある「想いやりファーム」は、無殺菌牛乳の市販を許可された唯一の牧場である。厚労省が定める安全基準を下回るほど牛乳（生乳）中の雑菌が少ないことを証明できたからである。無殺菌であることで牛乳本来の美味しさ、乳質の良さを知ることができる。

2008年、放牧を推進する目的で放牧畜産基準認証制度が設けられた。有機野菜に相当する畜産物である。基準は多方面にわたるが、耕地では1頭に必要な粗飼料を生産でき、かつ、持続して使用できる目安を、牧草地で15～25a、シバ型草地で45a、野草地で40～90aとする。

放牧で飼うと脂肪も脂溶性有害物質も少なく、逆に坑ガン作用のある共役リノール酸が2～5倍多い。残念ながら放牧で生産する牛肉はまだ少ない。取引上、評価基準として霜降り具合と脂肪の色が重視されるからである。放牧では霜降り肉にならず、脂肪はカロテン（ビタミンAの前駆物質）が多いため黄色みを帯びる。霜降り肉の美味しさは脂肪の味なのだが、いまだ市場での評価は高い。

阿蘇山では赤牛（褐毛和種）が4月から11月まで放牧、その後12～18ヶ月牛舎で飼育して出荷する（夏山冬里方式）。赤身が多く、柔らかさと甘みに定評がある。また、東北地方で赤べこ（日本短角種）が放牧され、繁殖は群れに雄牛を放す自然交配で、出産、子育も自然の中で行い、秋、キノコ採りで山に入った人間に子連れの牛が近づいてきたことで"キノコ採り畜産"と言われた（今は夏山冬里方式が一般的）。牛肉（赤肉）本来のうまさを味わえることから、スローフード協会（本部ローマ）が世界の貴重な食材と認定したことで注目された。

海外でも事情は同じようで、本場イタリアやフランスで修行したシェフが、本来の美味しさがあるとして放牧で生産した牛肉を高く評価する。肉そのものが中心食材の食文化であると日本の評価と異なるようである。

日本農業に必要なこと

「水田の集約と水田利用権」

　稲作で生活するには最低 5ha 以上の広さが必要と言われるが、2ha 以上の水田を有する農家は 10%未満である。90%の農家は片手間農業で、頼りにならない生産者である。補助金で差別されず、むしろ政府が零細農家の存続を助ける。また、生産調整に参加している零細農家から反対意見は聞かれない。既に生活基盤が稲作以外に移っているからである。稲作以外の収入で生活する小規模農家に対し 100%の休耕を求め、その水田を意欲ある人が活用すればよいのだが、どこからも過激な意見は聞かれない。

　大規模化しても作業能率を高めるため農地の集約化は避けられず、集約できなければ農業再生は難しい。水田が一カ所にある農家は少なく、大半が数カ所に分散する。これでは作業能率が上がらない。

　1960 年代、全国で"耕地整理"が行われ、四角形の広い水田になり、湿田は乾田に、農道と水路も整備された。土地改良事業と言われた国策事業で、かつては条件の良い水田、悪い水田があったが、今は大半で差がない。"交換分合"とは土地を交換し、同じ地区に集めることをいい、作業能率を上げ、管理しやすくするため行われる。耕地整理は農地の集約化の好機であったが、元の位置にこだわったため進まず、事業が完了するころにコメ余りで休耕田が出現して熱意も冷めた。

　農家の減反割合が同じであるため休耕田が点在しているのが利用するうえの難点である。農地を集約すれば解消されるが、一カ所に 1ha を集めようとすると約 30 戸が関係し、個人で行うことは非現実的である。また、50 万戸の稲作農家で後継者がいない。高齢化した農家を訪ねると「水田を貸したい」という声が多い。ところが周りも高齢化で借り手が見つからず、「自分の代で終わり」と放置する現実を見ると、安心して次世代（他人であっても

構わない）に任せることのできる制度の必要性を痛感する。

　また、農業従事者の70％は60歳以上である。農地解放の恩恵を知る世代は80歳以上、それ以下は農地解放を知るのみの2代目である。ところが3代目は農地解放を知らず、参入するとしても2代目と相当長い間隔があき、その間に放棄水田が生まれる。何しろ大半が給与生活者で30歳代、定年帰農であれば参入は30年後である。

　今は稲作以外で生計を立てる農家が90％に達するなど農業消滅前夜である。放棄水田も点在する例が多く、活用を妨げる。これらを知ると集約を容易にする方策の必要性と重要性がわかるだろう。

　これまでも請負耕作が行われていたが、使用料を決めるのが面倒、借用期間が短い、耕地の集約ができないなどの欠点があり、あまり普及しなかった。2005年、改正農業経営基盤強化促進法は制限を緩めたが、一般企業が借りられる農地は耕作放棄地を中心に市町村が指定した区域であった。2009年の農地法改正で農地の貸し借りが容易になり、これからは農業生産法人以外の法人等でも農業委員会等の許可を得ると50年間借りられることになった。ただ所有権は認められず、農地の取得は農作業に従事する個人と農業生産法人に限られる。

　政府からの委託により10haを耕す稲作農家を生み出すことを提案したが、水田が分散して存在すると実現は不可能である。水田1ha規模の農家で使う小型農業機械は10ha規模になると非効率で使えない。ところが大型農業機械は面積が狭いと非効率で使えず、広い区画にしないと大規模化は実現しない。分散していても非効率で、移動に要する時間、管理のしやすさを考えると可能な限り狭い範囲に集約することが求められる。

　ここでいう"水田利用権"は水田を維持するために考えたもので、借りた水田を水田として使う場合に認める権利で、耕作権の移動を容易にすることで中核者に集約させることを目的とする。管理は市町村もしくは農業委員会などの公的機関が行い、休耕田と放棄水田、耕作を止める予定の水田、交換

分合を希望する水田を登録（委託）する。データーベース化して公共団体が統合作業したうえで希望者に貸し出す、それも規模拡大を希望する者に対してである。水田地帯で休耕田と放棄水田は悲しむべき存在であり、筆者には高齢化によって使われない水田が大量に出現し、放棄される危機感がある。
　政府委託の稲作であっても地代が高いと次に求められる規模拡大が難しくなる。目的がハッキリしている場合は免税・減税、むしろ政府が水田所有者に地代の一部を払うなどの対策も考えられる。休耕協力金、転作奨励金などの補助金は不要になり財源上で問題なく、安価な飼料を安定して供給できることで国民の利益になる。水田は耕作してはじめて価値を生むもので利用したい者が使わなければならず、有効利用には水田利用権を使った規模拡大以外にない。後継者のいない農家を調べ、水田利用権を使った呼びかけであれば賛同を得やすく、要は提供者に利益をもたらす制度を作ればよい。
　農地への課税は低く設定されていることも国民生活安定、国土維持に対する報酬と考えれば納得できる。農地は国民の共有財産としての一面があり、先祖伝来の水田とする考え方を変えなければならない時期に来ている。宅地転用などは食料を失わせる犯罪とも言えることで、農地解放で得られた水田であれば趣旨にも反する。農地法最大の欠点は地主から国を通してタダ同然で手に入れた農地を手放すとき、国が優先的に買い取れる権利（先買権）を設けなかったことである。ドイツのワイマール（ヴァイマル）憲法は「土地の耕作および十分な利用は、土地所有者の公共に対する義務である。土地に対する労働または資本の投下なくして生じた土地の高騰は全体のために利用されなければならない」とし、耕作放棄、投機目的の農地取得は論外とした。農地を売って出現した"土地成金"などは二度と聞きたくない言葉である。
　飼料用イネでは生産者（農家）と消費者（乳牛と肉牛飼育者）を結び付ける仲介者が必要となり、また、大量に生まれる糞尿を堆肥化することも必要になる。共に専門の業者が引き受けることになるが、初期投資は相当な高額が予想され、国家が行うことが相応しい。国家事業として古くは官営工場の

設立、新しくは港湾や高速道路の建設は、いずれも国家予算で行われ、結果として全ての国民に利益をもたらした。農業におけるこれらの整備も同様と考えると矛盾がなく、事業として成り立つまで援助することに違和感を覚えない。

「参入者受け入れと人材育成策」

　農村社会は閉鎖的で、新しく加わった者はなかなか地域に溶け込めないと言われた。古くから地域固有の伝統的な慣習が融和を難しくしていたが、人口が減り、高齢化が進むと状況が一変、積極的に受け入れる雰囲気が生まれた。農地を取得できたことで新規参入した者の割合が想像するより高く、この事実こそが農村が受け入れを表明していることを示している。自治体や農業委員会などからの支援があるとさらに容易である。今は農村でも個人、各家庭が尊重される。

　新規参入者が悩んだことを見よう。図 4 には 2006 年、農水省が調べた「農業経営の開始にあたり苦労した点（複数回答）」を示した。ここでは自家農業を継承した者と新規就農者に分けてある。いずれも営農技術の習得、農地の確保、資金の確保に苦労している。自家農業を継いだ者で営農技術の習得に苦労した割合が高く、手伝いであったか U ターンで未経験だからであろう。新規就農者で技術の習得に苦労した人の割合が少ないのは学校や研修で学んだからであろうが、それでも大変である。

　農水省が 2002 年に行った同様の調査で、回答の上位 4 つは「機械・施設整備に対する補助金の拡充」、「就農まえの研修の拡充」、「就農まえの相談内容の拡充」、「直接所得補償制度の拡充」と、大半が生活の安定に悩みを持っていたことがわかる。次に就農者の半分が「農地の購入・借り入れ等経営耕地規模の拡大」を希望するが、「隣接する農地の確保が難しく、農地が分散してしまう」、「条件の良い農地が確保しにくい」、「農地の価格又は賃貸料が高く確保しにくい」と苦労する。新規参入を躊躇させるハードル

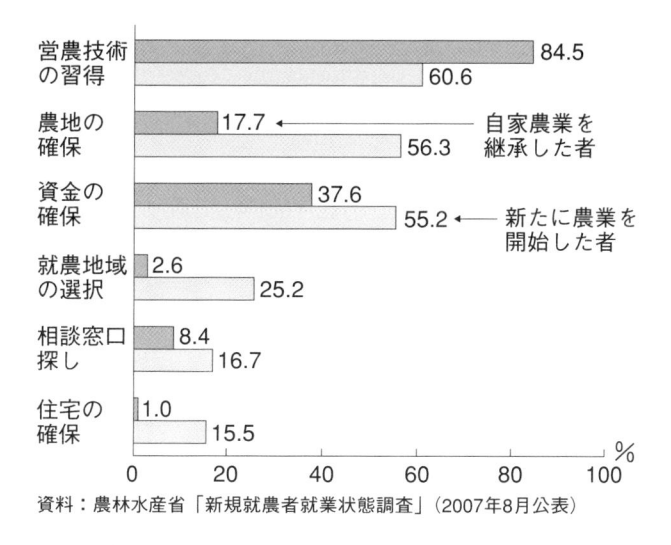

項目	自家農業を継承した者	新たに農業を開始した者
営農技術の習得	84.5	60.6
農地の確保	17.7	56.3
資金の確保	37.6	55.2
就農地域の選択	2.6	25.2
相談窓口探し	8.4	16.7
住宅の確保	1.0	15.5

資料：農林水産省「新規就農者就業状態調査」（2007年8月公表）

図4．農業経営の開始に当たり苦労した点（複数回答）

といってよく、これらを解消できると新規参入者は増加する。

　農業では様々な能力が必要とされ、計画から出荷までの効率を考え、消費者が求めるものを選び、いかに販売を工夫して収入を上げるかなど技術者と経営者の両面が求められる。これらを備えた者を"農業のプロ"といい、このような人材を育成することである。自然に左右される農業は片手間で出来ず、農業以外の職と違う点も多いことから始めるには相当の覚悟がいる。大半の若者は農業と無縁であるが、関心を持つ若者を早い時期に農業に導くことで理解してもらう以外ない。そのため体験するインターンシップなどの受け皿が必要になり、また、大学では卒業論文に代わるものとして農業研修を卒業に必要な単位として認めてよいだろう。農業現場で学べるからで、プロは優れた技能を持ち、見るだけでも得ることが多い。将来の活動場所が決まっていれば地域のプロに教わることが最適で、先々相談することもできる。

　そこで提案することが"新規参入受け入れ制度"の創設である。内容は、地域や集落、農業団体で若い人を雇い、在住者が支援し、中核者に育てるこ

とを可能にする制度である。人材は心配ない。農業高校や農業者大学校で技術と知識を学び、同じ志を持つ若者が農学部におり、毎年の卒業者は4万5千人余りである。また、農業塾や就農相談所を訪れる若者も多い。彼らを対象に募集したらよい。農地取得に係わる問題が発生せず、農業技術を学べ、現実的な解決方法であろう。

　新規参入者に特化した研修支援金と融資制度があってもよい。土地に合う農業のやり方に教科書はなく、数年かけないと必要なことは学べない。研修中の生活を支援する公的制度があると参入者も余裕を持って正しい判断を下せ、受け入れ側の対応も容易になる。生活のメドが立つのは最低3年と言われ、2年程度の給付は許される。

　かつてフランスでは農村人口が減る一方であった。ところが1999年の国勢調査で増加に転じたことが判明、2003年、世論調査会社が過去5年以内に人口2,000人以下の自治体に移った15歳以上の人数を200万人と推定、特徴は「20～30代、高学歴、環境に高い関心」であるとした。国策としての農業育成策があり、経済的援助も行われた。このことから若者が農業の意義と農村の良さを発見したに違いない。

　政府は営農に様々な補助金を交付、農協系金融機関は費用を融資する（銀行の融資はあまり期待できない）。農業では成果がでるまでの期間が長く、利益率が低く、天災を受けるなど不利な条件があり、計画通りの返済ができないこともある。破産（廃業）した酪農家を見聞きすると、過大な借金が経営を圧迫し、過剰投資を避けなければならないことを痛感する。補助金などは国の方針に従って交付されるもので、必ずしも希望に沿わず、自主性を重視しないため役に立たず、返済に苦しむ例が多い。ただ今回の目的からすれば新規就農者に特化した融資制度があってよい。農協や地方自治体が窓口になって地域住民や消費者から出資を募る、農地の提供者を求めるなども考えられる。

　人材育成に重要なことは意欲ある人に受け入れる地域、遊休農地や市場性

のある場所を伝えることである。調べるのは地元を知る農協や地方公共団体、農業委員会がすればよく、積極的に受け入れる自治体が現れるように政策転換すればよい。そのうえでの経済的支援であれば効果は大きい。参入者を待っていては高齢化の問題は解決しないだろう。

おわりに

　国内で食料がひっ迫している状態で、儲かるからと外国に食料輸出を強行する為政者はいない。国民からの反発を受けて支持は得られず、友好国に対しても食料輸出を禁止するだろう。これが世界で一般的であり、そうなると日本はお金があっても食料を買えない事態になるということである。

　ここ60年あまり、大きな戦争がなかったことが奇跡である。しかしこれから世界で何が起こるかわからず、もはや自由に食料輸入できるなどと発想する人はいないだろう。食料自給率が下がった理由、上げなければならない理由もわかるだろう。そして中身が大切であることも。

　農業は業（なりわい）であり、農と業は一体でないと機能しない。ところがムダの多い非効率な業に見えることから農業不要論が発生し、農業と農村が消えた。その後有機栽培を求める声は強くなり、輸入食品の安全性に疑問が生じ、都市が農村を見る目が変わった。だがそれは農への関心で業にではなく、食への安心・安全はあっても供給への安心・安全がない。農村を意識するときは食料危機であり、常識が常識でなくなる。消費者は安ければ良いと言うが、生産基盤を維持しないと食料生産できないことを忘れている。都市の役割は農業の生産基盤を維持させることである。

　2007年の食品の値上げラッシュも落ち着くと世間に忘れられた。しかし忘れて困ることが地球温暖化である。そう遠くない将来、石油の供給は少なくなるだろうが、温室効果ガスは増加を続け地球温暖化は着実に進む。食料生産は天候と密接に関係し、地球規模で食料危機の事態を想定しなければならない。世界が最悪の事態を共有できていない以上、実際に危機に直面したとき私たちに何ができるだろうか？食料の60％を輸入する日本は世界の状況を直視しなければならないのである。

　これらを踏まえ、本書で何ができ何をすべきかを明らかにしたつもりであ

る。国家としても明確で具体的な方針を示す必要があるだろう。執筆にあたって"畜産物は食料自給率低下の元凶"という言葉が筆者を悩ませた。しかし牛を使うと耕地は 2～3 倍になることに気付き、次に食料自給率の何が問題か考えたときに必要だったのが栄養学であった。食料自給率の改善は想像したより難しくないが、タンパク質は違った。この自給を考慮した議論をあまり聞いたことがなく、それが乳牛の立場で書くきっかけになった。

これでようやく乳牛の出番だと思った。初期の酪農は稲わらに頼ったが、現実は減少の一途で、先輩から"いまさら"と言われた。だが時代が変わり、まもなく自由に食料を輸入できる時代は終わる。大規模化で外国に対抗すると言われるが、大規模である必要はない。要は税の使い方を変えて国民に利益をもたらせばよい。食の安心を生むには水田と山野を活用する以外なく、政治の仕事は家畜と有機的に結びつける基本計画を立て、生産者の意欲と創意工夫を助けることである。

それを可能にする人達は専門知識に加え経営感覚と市民感覚を備えた農業のプロであり、新しい農業の誕生を可能にさせる。これが社会の安定に寄与することは間違いなく、10 年くらい腰を据えて投資を続けると今とは別の社会が見える。食料供給も作る人がいて可能になることで、食料・農業・農村基本法が多面的機能に含めないのは不思議である。

畜産学を学んで 40 年余り、著者も何か恩返しする年代になった。さて子供や孫の時代の日本はいかになっているだろう。

食料に関する統計の大部分は白書と付属統計表などの政府刊行物、それに世界国政図会（矢野恒太記念会）と食品成分表（女子栄養大学出版）、農林水産統計（農林水産統計協会）から得た。書籍、雑誌、新聞、インターネット情報も参考にした。専門外の内容も多く、作物関係は杉山教授、農政関係は谷口教授、水産関係は岡本准教授、これら以外にも教えを受けた同僚は多い。また、養賢堂 及川 清 社長からは「畜産の研究」を提供して頂いた。

補　足

2010年世界農林業センサスを読む

　農水省は5年ごとに農業と林業を調査し、農林業センサスとして結果を公表してきた。そして2010年2月1日時点における調査結果を同年11月、「2010年世界農林業センサス」として公表した。その概要に基づいてここでは農地と農業就業人口について述べることとした。なお、表5と表6は農水省による農家の分類で、ここでいう農家には農業法人や団体などが含まれる[注]。

　そこに述べられている日本農業の現状は、農家253万戸、1戸当たりの平均耕地面積2.2ha、農業就業人口261万人、平均年齢65.8歳である。これが日本国民5千万人分を養う国内食料供給者の実態であり、その平均像は高齢者1人が狭い農地で農業を営む農家となり、近いうち農業構造の大変革が起こることを予想させる内容である。

・営農と農家
小規模農家は存続できるだろうか？

　農家数を見るとこの5年間で285万戸から253万戸になり、それも自給的農家はほとんど変わらないことから販売農家が減少したことになる。その中身を農家戸数と経営規模別の構成割合から知ることができ、計算すると2ha以下の農家が234万戸から203万戸になるなどと小規模農家の減少が顕著であったことが判明する。この階層は後継者不在のためであろう、何らかの理

　　(注：農家とは農業によって生計を立てている人、あるいはその家庭・共同体のことで、耕地面積が10a以上の個人世帯、10a未満の時は年間農産物販売額が15万円以上の個人世帯)

表5. 農家の分類-1

自給的農家		
経営耕地面積が30a未満で農産物販売金額が年間50万円未満の農家		
販売農家		
経営耕地面積30a以上または農産物販売金額が年間50万円以上の農家		
主業農家	準主業農家	副業的農家
農業所得が主（農家所得の50%以上が農業所得）で、1年間に60日以上農業に従事している65歳未満の者がいる農家	農外所得が主で、1年間に60日以上農業に従事している65歳未満の者がいる農家	1年間に60日以上農業に従事している65歳未満の者がいない農家（主業農家および準主業農家以外の農家）

由で離農すると農業を継続しない割合がきわめて高いことを示している。このことを示すように、逆に都府県で5ha以上、北海道で50ha以上という農家は増えている。小規模農家の営農は厳しく、後継者がいないことで存続が難しいと言える。

経営状態は変わったであろうか？

　販売が期待できる農家を、農水省は主業農家（36万戸）、準主業農家（39万戸）と副業的農家（88万戸）に分類する。このなかで副業的農家は65歳以上の従事者が農業を営む農家なので、2005年と比べ20.8万戸と大きく減少したことも当然であった。ところが主業農家で6.9万戸、準主業農家でも5.4万戸減少している。表6はもう一つの農家の分類方法であるが、減少の原因には年齢だけでなく農業収入も関係している。このことを裏付けるように、この5年間で専業農家44万戸が45万戸と変化しなかったが、第2種兼業農家121万戸が96万戸になっている。第2種兼業農家は農業以外の収入で暮らす世帯であり、25万戸が完全に農業を辞めたことになる。

表6. 農家の分類-2

専業農家		
世帯員のなかに兼業従事者が1人もいない農家		
第1種兼業農家	第2種兼業農家	土地持ち非農家
世帯員のなかに兼業従事者が1人以上おり、かつ農業所得の方が兼業所得よりも多い農家	世帯員のなかに兼業従事者が1人以上おり、かつ兼業所得の方が農業所得よりも多い農家	農家以外で耕地や耕作放棄地をあわせて5a以上所有している世帯、また、農産物生産者とはみなされない農家

・営農と農地
経営規模別で変化が見られるであろうか？

　農家当たりの経営面積を見ると5haを境にしてそれ以下で農家数が減少し、それ以上で増加するなど大きな違いが認められる。先に述べたように2ha以下の農家で減少が著しい。2ha以下では農業で生計が立たないと言われるが、それも当然で農家数の80％を占めながら所有する耕地は全体の30％に過ぎないのである。一方、5ha以上の農家の割合は6％に過ぎないが所有する耕地は全耕地の51％を占める（今回の調査で初めて半数ラインを越えた）。やはり耕地面積の広さが経営の安定度を左右すると言ってよさそうである。

　ただ、この内容から農家数の減少は日本農業の衰退を意味しない。なぜなら2ha以下という農家が減少したからと言って、農産物生産で貢献度は高いと考えにくいからである。ある程度の耕地面積がないと経営が成り立たないからであろう、農林業センサスから耕地の一部が大規模農家に集まったことが分かり、それも借りた耕地が82万haから106万haに増えるなど一部で耕作権の移動によるものであった。農業を専業にするにはある程度広い耕地が必要で、生産意欲も高く、期待に応えられる階層に集まることが自然な方

向である。

誰が耕地の所有者であろうか？

　これからも使用予定のない耕作放棄地は 40 万 ha にまで拡大した。このうち土地持ち非農家と自給的農家が 27 万 ha の農地を耕作しないで所有する。土地持ち非農家が所有する耕地は 60 万 ha 程度である。耕作放棄地が 18 万 ha ということから 42 万 ha を利用していることになる。なかには他人に貸した例もあるだろうが、自家消費分を生産するために使っているのだろう。

　ただ、ハッキリしていることは 1990 年以降、土地持ち非農家と自給的農家で耕作放棄地がコンスタントに拡大していることである。問題なのは農業が副業になると耕地を増やすこともせず手放すこともしないことである。恐らく生活の糧が農業以外にある人にとって所有農地の存在意義は小さいからだろう。

・営農と従事者
高齢者に大きく期待することが出来るだろうか？

　現在、農業従事者の大半が高齢者である。農家戸数の減少は農業就業者数と関係し、この 10 年間で就業者は 389 万人から 261 万人になり、平均年齢は 61.1 歳から 65.8 歳になった。128 万人減り、4.7 歳高齢化したことになる。就業者数は一貫して減少し、平均年齢は着実に上がり、2010 年の結果からも同じ傾向が続いたことが分かる。

　年齢別の就業者を見ると、50 歳以下が約 13％（32 万人）などときわめて少ない。事実、学卒就農者（新規就農者）は年 2000 人程度、これを加えた若者の農業への参入は年 1 万人弱であった。

　ところで農水省の農家の分類を見ると 65 歳が重要な区分基準になっている。高齢になると体力の弱まりで大きく期待できないからだろうが、実際、農業人口は 70 歳を超えるころから急激な減少が始まる。このことから今の平均年齢からすると 10 年後には 150 万人の撤退者が出ることになる。それも大規模農家の絶対数がきわめて少ないことから、大半が小規模農家の経営

者の撤退である。

　農家数と従事者の減少は農業衰退を意味しない。農産物の生産が確保されればよく、少数であっても専業農家と大規模農家が担えばよいからである。大規模化の方向にある農家が将来の農業の担い手になることは間違いないし、農林業センサスからも増加傾向が読み取れる。

　かつて離農者は他産業への移動、従って若者と成人であった。残った両親が農業を続け、そして引退の年齢に達した。これから予想されることが後継者のいない状況下での引退である。その結果、これまで以上に耕作放棄地が虫食い状態で出現するだろう。

・著者の提案は的外れか？

　2010年農林業センサスでは、一応の目安として5ha以上の耕地が必要であることを示している。これまでと違い、引退者の大量出現と耕作者のいない農地の大量出現が予測され、その解決策が必要となることである。農業従事者と農地との関連で、著者が提案したことを改めてここで見てみよう。以下は提案の概要である。

　農業関連学校・学部の卒業生は年4万5千人（うち就農約2千人）、就農セミナーなどに集まる若者も多い。いずれも大半は農業体験のない若者である。農村での暮らしを通して農業を体験させ、彼らに対し真剣に就農を勧めることであり、積極的に働きかければ効果ある人数である。

　"水田利用権"は公的機関が管理する借地権である。休耕田と放棄水田、耕作を止める水田を登録、農業委員会が広い水田にする。若者に10ha貸し、飼料用稲40％、飯米用稲60％、次に二期作や二毛作、裏作を求める。拡大再生産を助け、地域振興と食料供給を確かにする。休耕協力金2千億円を財源としてこの権利を国が買い取ることで小規模農家に離農を勧め、一方で放置水田に宅地並み課税、副業の農家に所得補償金と休耕協力金を支払わない。

　後継者不在は地域の悩みで"地域受け入れ制度"が必要になる。集落や農

業団体で若者を雇い、在住者が支援して中核者に育てる制度である。農地取得で問題が起きず、農業技術を学べ、農用機械を借りられるなど現実的な方法である。さらに"研修支援金制度"があると参入者は間違いない判断を下せ、そして受け入れ側も助かる。メドが立つのは3年といわれ2年程度の給付は許される。

　重要なことは若者に受け入れる地域、遊休農地や市場性のある場所を伝え、積極的に受け入れる方向に転換、そのうえで支援することである。待っても来る者はいない。

　著者の提案に大きな間違いがなかったことで安堵した。

参考図書

　本書を読まれてこれらの分野に関心を持たれ、更に理解を深めたい方に役立つと思われる書籍を以下にリストする。著者の予断と偏見に基づいて選んだもので一部に短い感想を記したが、参考になれば幸いである。

(1) 悲観的立場から

・「人口が爆発する」ポール・エリック、アン・エーリック（水谷美穂訳）、新曜社
　　　―地球で養える限界を超えた人口増加を人口爆弾の爆発といい、地球の生存システムを破壊したという。食料から環境、国家の安全保障まで広い分野を扱っている。読み応えがある

・「飢餓の世紀」レスター・ブラウン（小島慶三訳）、ダイヤモンド社
　　　―人口爆発と食料不足が世界を襲う。食料生産の危機的状況を述べる

・「食料争奪戦」浜田和幸、学研新書
　　　―世界的な食料生産の危機的状況と日本に関する問題が述べられている

・「シカゴファイル2012」中村靖彦、NHK出版
　　　―世界的な不作で穀物を集める商社の活動を描いたフィクション小説

・「イワシと気候変動」川崎　健、岩波書店

・「飽食の海」チャールズ・クロバー（脇山真木訳）、岩波書店

・「日本の食卓から魚が消える日」小松正之、日本経済新聞社

- 「沈黙の海」イサベラ・ロヴィーン（佐藤吉宗訳）、新評論社
    ——いずれも乱獲で魚が消え、資源が無限でないことを述べる

- 「地球温暖化と農業」清野 豁、成山堂書店

- 「地球温暖化（改訂版）」（ニュートン別冊）、ニュートンプレス

- 「エネルギー・水・食料危機」河本桂一編、日経サイエンス社

- 「不都合な真実」アル・ゴア（枝廣淳子訳）、ランダムハウス講談社

- 「『石油の呪縛』と人類」ソニア・シャー（岡崎玲子訳）、集英社

- 「『水』戦争の世紀」モード・バーロウ、トニー・クラーク（鈴木主悦訳）、集英社

- 「水をめぐる危険な話」ジェフリー・ロスフェダー（古草秀子訳）、河出書房新社
    ——水道の利権をめぐる巨大企業の暗躍を中心に扱っている。地球で淡水の絶対量が足りないことに原因があり、政治に影響し、これから国際間で水をめぐる対立が深刻化する

（2）楽観手的立場から

- 「日本の農業は成長産業に変えられる」大泉一貫、洋泉社
    ——米にこだわった農政の弊害を指摘し、規制緩和で農業が発展する

- 「食糧がなくなる！本当に危ない環境問題」武田邦彦、朝日新聞出版
    ——食料問題の指摘は共通するが、地球温暖化が食料危機を救うとするなどの内容がユニーク

参考図書

・「『食料危機』をあおってはいけない」川島博之、文藝春秋
　　─食糧は余っていて、輸入することで解決できると提言する

（3）理解を深める
・「農業と食料がわかる事典」藤岡幹恭・小泉貞彦、日本実業出版社

・「日本の食と農」神門善久、NTT 出版社

・「農から環境を考える」原 剛、集英社

・「地球とうまくつきあう話」水谷 弘、共立出版社

・「人口爆発と食料・環境」農政ジャーナリストの会編、農林統計協会

・「世界の食料 ムダ捨て事情」トリストラム・スチュアート（中村 友訳）、
　NHK 出版

2011	2011年3月30日 第1版発行
どうなる？どうする？ 日本の食卓 著者との申 し合せによ り検印省略 ⓒ著作権所有	著作者　酒井仙吉
	発行者　株式会社 養賢堂 　　　　代表者　及川　清
定価（本体2000円＋税）	印刷　株式会社 精興社 　　　責任者　青木宏至

〒113-0033 東京都文京区本郷5丁目30番15号
発行所　株式会社 養賢堂
TEL 東京 (03) 3814-0911　振替00120
FAX 東京 (03) 3812-2615　7-25700
URL http://www.yokendo.co.jp
ISBN978-4-8425-0480-3　C3061

PRINTED IN JAPAN　　　　製本所　株式会社三水舎

本書の無断複写は著作権法上での例外を除き禁じられています。
複写される場合は、そのつど事前に、(社)出版者著作権管理機構
(電話 03-3513-6969、FAX 03-3513-6979、e-mail:info@jcopy.or.jp)
の許諾を得てください。